国家基本职业培训包（指南包 课程包）

钢筋工

（试行）

人力资源社会保障部职业能力建设司编制

中国劳动社会保障出版社

图书在版编目（CIP）数据

钢筋工：试行 / 人力资源社会保障部职业能力建设司编制. -- 北京：中国劳动社会保障出版社，2020

国家基本职业培训包：指南包　课程包

ISBN 978 - 7 - 5167 - 4443 - 7

Ⅰ. ①钢…　Ⅱ. ①人…　Ⅲ. ①建筑工程 - 钢筋 - 工程施工 - 职业培训 - 教学参考资料
Ⅳ. ①TU755.3

中国版本图书馆 CIP 数据核字（2020）第 066660号

中国劳动社会保障出版社出版发行

（北京市惠新东街 1 号　邮政编码：100029）

*

北京市艺辉印刷有限公司印刷装订　新华书店经销

880 毫米 ×1230 毫米　16 开本　8.5 印张　148 千字

2020 年 5 月第 1 版　　2020 年 5 月第 1 次印刷

定价：27.00 元

读者服务部电话：（010）64929211/84209101/64921644

营销中心电话：（010）64962347

出版社网址：http://www.class.com.cn

编 制 说 明

为贯彻落实《中华人民共和国国民经济和社会发展第十三个五年规划纲要》提出的“实行国家基本职业培训包制度”的要求，大力推行终身职业技能培训制度，推进实施职业技能提升行动，按照《人力资源社会保障部办公厅关于推进职业培训包工作的通知》（人社厅发〔2016〕162号）的工作安排，“十三五”期间，组织开发培训需求量大的100个左右国家基本职业培训包，指导开发100个左右地方（行业）特色职业培训包，到“十三五”末，力争全面建立国家基本职业培训包制度，普遍应用职业培训包开展各类职业培训。

职业培训包开发工作是新时期职业培训领域的一项重要基础性工作，旨在形成以综合职业能力培养为核心、以技能水平评价为导向，实现职业培训全过程管理的职业技能培训体系，这对于进一步提高培训质量，加强职业培训规范化、科学化管理，促进职业培训与就业需求的有效衔接，推行终身职业培训制度具有积极的作用。

国家基本职业培训包是集培养目标、培训要求、培训内容、课程规范、考核大纲、教学资源等为一体的职业培训资源总和，是职业培训机构对劳动者开展政府补贴职业培训服务的工作规范和指南。国家基本职业培训包由指南包、课程包和资源包三个子包构成，三个子包各含有相应培训内容与教学资源。

在征求各地培训需求的基础上，经调研论证，人力资源社会保障部组织有关行业专家编制了首批中式烹调师等10个职业（工种）的国家基本职业培训包（指南包 课程包），并于2017年10月印发施行。

在首批中式烹调师等10个职业（工种）国家基本职业培训包编制的基础上，2018年11月，人力资源社会保障部继续组织有关行业专家开展第二批电工等15个职业（工种）的国家基本职业培训包（指南包 课程包）的编制工作。

此次编制的电工等15个职业（工种）的国家基本职业培训包遵循《职业培训包开发技术规程（试行）》的要求，依据国家职业技能标准和企业岗位技术规范，结合新经济、新产业、新职业发展编制，力求客观反映现阶段本职业（工种）的技术水平、对从业人员的要求和职业培训教学规律。

《国家基本职业培训包（指南包 课程包）——钢筋工（试行）》是在各有关专家的共同努力下完成的。参加编写的主要人员有：姚玲云、司振民、刘秋玲、王刚、董克齐、刚宪水、张倩、郝艳、赵阳。参加审定的人员有：姜立君、甘信广、张树胜、王丹江、董大召、周卫东、姚立平、尹素花、袁帅、赵新明。在编写过程中得到了德州市技师学院、德州市建筑业协会、山东省胶州市建筑业服务中心、山东城市建设职业学院、德州市建筑规划勘查设计研究院、德州天元集团有限责任公司、德州宏图建筑工程有限公司、天元建设集团、河北工业职业技术学院等有关单位的大力支持，在此一并致谢。

国家基本职业培训包编审委员会

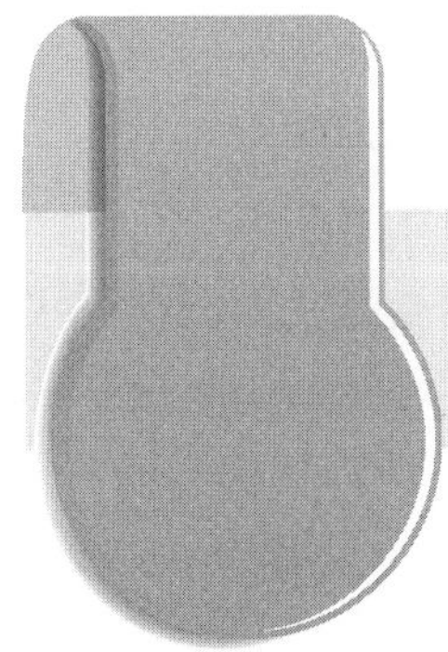

目录

1 指南包

2 课程包

附录 培训要求与课程规范对照表

1
指南包

1.1 职业培训包使用指南

1.1.1 职业培训包结构与内容

钢筋工职业培训包由指南包、课程包、资源包三个子包构成，其结构如下图所示。

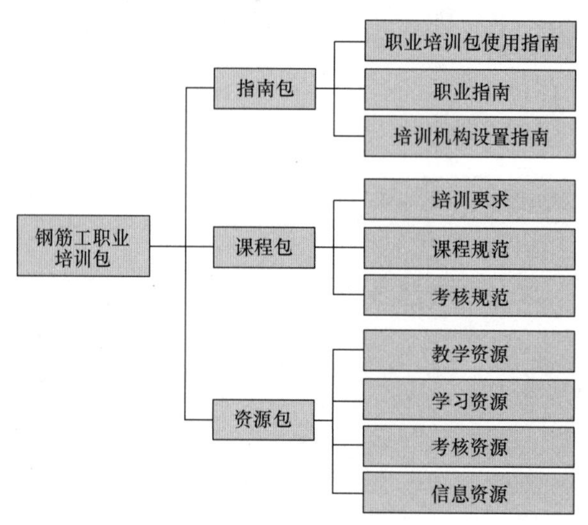

职业培训包结构图

指南包是指导培训机构、培训教师与学员开展职业培训的服务性内容总和，包括职业培训包使用指南、职业指南和培训机构设置指南。职业培训包使用指南是培训教师与学员了解职业培训包内容、选择培训课程、使用培训资源的说明性文本；职业指南是对职业信息的概述；培训机构设置指南是对培训机构开展职业培训提出的具体要求。

课程包是培训机构与培训教师实施职业培训、培训学员接受职业培训必须遵守的规范总和，包括培训要求、课程规范、考核规范。培训要求是参照国家职业技能标准、结合职业岗位工作实际需求制定的职业培训规范；课程规范是依据培训要求、结合职业培训教学规律，对课程设置、课堂学时、课程内容与培训方法等所做的统一规定；考核规范是针对课程规范中所规定的课程内容开发的，能够科学评价培训学员过程性学习效果与终结性培训成果的规则，是客观衡量培训学员职业基本素质与职业技能水平的标准，也是实施职业培训过程性与终结性考核的依据。

资源包是依据课程包要求，基于培训学员特征，遵循职业培训教学规律，应用先进职业培训课程理念，开发的多媒介、多形式的职业培训与考核资源总和，包括教学资源、学习资源、考核资源和信息资源。教学资源是为培训教师组织实施职业培训教学活动提供的相关资源；学习资源是为培训学员学习职业培训课程提供的相关资源；考核资源是为培训机构和培训教师实施职业培训考核提供的相关资源；信息资源是为培训教师和培训学员拓宽视野提供的体现科技进步、职业发展的相关动态资源。

1.1.2 培训课程体系介绍

钢筋工职业培训课程体系依据职业技能等级分为职业基本素质培训课程、五级/初级职业技能培训课程、四级/中级职业技能培训课程、三级/高级职业技能培训课程、二级/技师职业技能培训课程和一级/高级技师职业技能培训课程，每一类课程包含模块、课程和学习单元三个层级。钢筋工职业培训课程体系均源自本职业培训包课程包中的课程规范，以学习单元为基础，形成职业层次清晰、内容丰富的“培训课程超市”。

钢筋工职业培训课程学时分配一览表

职业技能等级	课堂学时		其他学时	培训总学时
	职业基本素质培训课程	职业技能培训课程		
五级/初级	40	60	100	200
四级/中级	20	140	100	260
三级/高级	20	100	120	240
二级/技师	10	120	100	230
一级/高级技师	10	110	80	200

注：课堂学时是指培训机构开展的理论教学及实操课程教学的建议最低学时数。除课堂学时外，培训总学时还应包括岗位实习、现场观摩、自学自练等其他学时。

（1）职业基本素质培训课程

模块	课程	学习单元	课堂学时
1. 职业认知与职业道德	1-1 职业认知	（1）建筑施工工种简介	1
		（2）钢筋工简介	1
	1-2 职业道德	职业道德基本规范	1
	1-3 职业守则	钢筋工职业守则	1

续表

模块	课程	学习单元	课堂学时
2. 基础知识	2–1　认知图纸与建筑结构	（1）识图和结构构造基础	6
		（2）钢筋混凝土结构图例符号	2
		（3）常规钢筋混凝土结构及构配件的结构施工图	8
	2–2　认知钢筋	（1）钢筋材料认知	2
		（2）材料验收和保管	2
	2–3　认知钢筋加工机具	（1）常用钢筋加工机具的安全操作	2
		（2）常用钢筋加工机具的日常维护和保养	2
	2–4　认知安全生产	（1）职业健康、劳动保护与安全生产	2
		（2）消防、医疗救护基本知识	2
	2–5　认知环境保护	（1）施工环境保护	2
		（2）钢筋成品、半成品保护	2
3. 法律、法规	相关法律、法规知识	（1）相关法律知识	2
		（2）相关法规知识	2
课堂学时合计			40

注：本表所列为初级职业基本素质培训课程，其他等级职业基本素质培训课程按“钢筋工职业培训课程学时分配一览表”中相应的课堂学时要求进行必要的调整。

（2）五级 / 初级职业技能培训课程

模块	课程	学习单元	课堂学时
1. 施工准备	1–1　准备作业现场	（1）个人安全防护和安全操作	2
		（2）作业场地清理和准备	2
		（3）质量、安全技术交底	2
		（4）施工现场应急救护	2
		（5）施工现场消防安全	2
	1–2　准备材料、机具	（1）钢筋主辅料	4
		（2）钢筋加工机具	4
		（3）成型骨架码放、搬运	4
2. 钢筋作业	2–1　钢筋加工	（1）钢筋外观缺陷检查	2
		（2）钢筋清污、除锈、调直	4
		（3）使用钢筋加工机具下料	4
		（4）使用钢筋成型机具加工钢筋	2
	2–2　钢筋连接	（1）钢筋定位和临时固定	4
		（2）钢筋搭接连接	4
	2–3　钢筋安装	（1）钢筋绑扎、安装和固定	6
		（2）钢筋限位件设置	2

续表

模块	课程	学习单元	课堂学时
3. 施工检查	3-1　质量检查	（1）钢筋作业自检	2
		（2）钢筋成品质量检查	4
	3-2　调整保护	（1）钢筋调整	2
		（2）钢筋修复	2
课堂学时合计			60

（3）四级 / 中级职业技能培训课程

模块	课程	学习单元	课堂学时
1. 施工准备	1-1　准备材料、机具	（1）钢筋进场验收	2
		（2）钢筋进场取样	2
		（3）检测报告识读	2
		（4）预应力施工设备选用	4
		（5）钢筋机械连接机具	2
		（6）钢筋加工机具日常维护	2
	1-2　识读图纸方案	（1）框架结构施工图	10
		（2）剪力墙结构施工图	2
		（3）混合结构施工图	2
		（4）预制构件配筋图	10
		（5）钢筋工程施工方案	1
		（6）简支梁布筋放线	1
		（7）板布筋放线	1
		（8）构造柱布筋放线	1
	1-3　编制配料单	（1）框架结构构件钢筋翻样及配料单编制	18
		（2）剪力墙结构构件钢筋翻样及配料单编制	6
		（3）混合结构构件钢筋翻样及配料单编制	6
		（4）普通楼梯钢筋翻样及配料单编制	2
		（5）吊车梁钢筋翻样及配料单编制	2

续表

模块	课程	学习单元	课堂学时
2. 钢筋作业	2-1　钢筋加工	（1）使用数控加工设备进行钢筋加工、成型	2
		（2）预应力筋下料	4
		（3）预应力筋辅料加工	4
	2-2　钢筋连接	（1）钢筋连接基础知识	2
		（2）机械连接	2
		（3）预制梁与预制柱的钢筋连接拼装	2
		（4）预制梁与预制板的钢筋连接拼装	2
		（5）预制柱构件的钢筋连接拼装	2
		（6）预制剪力墙之间的钢筋连接拼装	2
	2-3　钢筋安装	（1）弧形梁钢筋安装	2
		（2）弯折部位钢筋安装	2
		（3）变截面部位钢筋安装	2
		（4）滑模等特殊施工工艺钢筋安装	2
		（5）先张法预应力筋安装	4
		（6）后张法预应力筋安装	2
		（7）无粘结后张法预应力筋安装	2
		（8）箱型基础钢筋安装	2
		（9）箱梁钢筋安装	2
3. 施工检查	3-1　质量检查	（1）钢筋网片施工质量检查	2
		（2）钢筋骨架施工质量检查	2
		（3）钢筋连接节点施工质量检查	2
		（4）预应力筋位置检查与控制	2
		（5）预应力筋的自检	2
		（6）钢筋安装质量互检	2
		（7）钢筋施工质量缺陷及防治	2
	3-2　填写记录	（1）自检记录表填写	2
		（2）互检、专检记录表填写	2
		（3）钢筋工程技术资料填写	2
		（4）钢筋工程技术资料整理	2
课堂学时合计			140

（4）三级 / 高级职业技能培训课程

模块	课程	学习单元	课堂学时
1. 施工准备	1–1　识读图纸	（1）箱型基础结构施工图	2
		（2）设备基础结构施工图	2
		（3）牛腿柱结构施工图	2
		（4）预应力屋架结构施工图	2
		（5）预应力箱梁结构施工图	2
		（6）组合结构施工图	2
		（7）烟囱结构施工图	2
		（8）其他复杂部位结构施工图	2
		（9）筒体结构施工图	2
		（10）束筒结构施工图	2
		（11）框剪结构施工图	2
		（12）壳体结构施工图	2
		（13）装配式结构施工图	2
	1–2　编制方案	（1）钢筋工程施工方案	2
		（2）钢筋工程专项施工方案	2
		（3）质量、安全技术交底	2
		（4）班组作业进度计划	2
		（5）班组作业材料计划	2
		（6）班组作业质量控制方案	2
		（7）一般预应力施工方案	2
	1–3　编制配料单	（1）箱型基础钢筋配料单	2
		（2）设备基础钢筋配料单	1
		（3）牛腿柱钢筋配料单	1
		（4）预应力屋架钢筋配料单	1
		（5）预应力箱梁钢筋配料单	1
		（6）组合结构钢筋配料单	1
		（7）其他复杂构件钢筋配料单	1
		（8）烟囱钢筋配料单	1
		（9）水塔钢筋配料单	1
		（10）利用计算机技术翻样和编制配料单	2
		（11）预应力筋及附件配料单	2

续表

模块	课程	学习单元	课堂学时
2. 钢筋作业	2–1 钢筋连接	（1）大型预制构件连接	2
		（2）套筒灌浆连接	2
		（3）滚轧直螺纹连接	2
		（4）熔融金属充填接头连接	1
		（5）新型连接技术	1
	2–2 钢筋安装	（1）复杂结构、构件的钢筋安装	6
		（2）特殊构筑物的钢筋安装	4
		（3）电热张拉法施工	2
		（4）非常规预应力筋配料与安装	4
3. 施工检查	3–1 质量检查	（1）钢筋质量检查	2
		（2）钢筋安装质量跟踪检查	4
		（3）安装质量问题处理结果的复核和监督检查	2
	3–2 问题处理	（1）普通钢筋施工中安装质量问题处理	2
		（2）预应力施工质量缺陷处理	2
4. 指导施工	4–1 组织施工	（1）难点、重点、控制点施工的指导解决	2
		（2）“四新技术”的应用	4
	4–2 技术培训	（1）编写五级 / 初级工、四级 / 中级工培训资料	2
		（2）五级 / 初级工、四级 / 中级工培训	2
课堂学时合计			100

（5）二级 / 技师职业技能培训课程

模块	课程	学习单元	课堂学时
1. 施工管理	1–1 核对图纸	（1）异形结构配筋施工图	4
		（2）空间结构配筋施工图	4
		（3）异形结构图纸合理化建议	6
		（4）空间结构图纸合理化建议	6
		（5）异形结构建筑、结构、安装图纸综合识读	4
		（6）空间结构建筑、结构、安装图纸综合识读	4
	1–2 编制方案	（1）异形结构钢筋工程施工方案	6
		（2）空间结构钢筋工程施工方案	2
		（3）双向曲线预应力施工方案	6
		（4）整体预应力施工方案	4
		（5）钢筋工程成本的核算	2

续表

模块	课程	学习单元	课堂学时
1. 施工管理	1-3 质量、安全管理	（1）异形结构钢筋工程质量控制	4
		（2）空间结构钢筋工程质量控制	4
		（3）一般预应力施工的质量措施	4
		（4）一般预应力施工的安全措施	4
		（5）特殊钢筋工程质量控制点及预控措施	4
		（6）特殊钢筋工程安全控制点及预控措施	2
2. 指导施工	2-1 组织施工	（1）壳体结构	6
		（2）异形池体	6
		（3）双曲线冷却塔	6
		（4）特殊预应力结构	6
	2-2 技术处理	（1）钢筋混凝土构件钢筋大样图的审查	2
		（2）钢筋混凝土构件钢筋配料单的审查	2
		（3）钢筋施工疑难问题的处理	6
3. 培训创新	3-1 技术培训	（1）编制钢筋工培训计划	2
		（2）五级 / 初级工培训	2
		（3）四级 / 中级工培训	2
		（4）三级 / 高级工培训	2
	3-2 改造创新	（1）施工总结	2
		（2）新技术、新工艺、新材料、新设备推广应用实施方案	2
		（3）工艺改造	2
		（4）操作规程及工法编写	2
课堂学时合计			120

（6）一级 / 高级技师职业技能培训课程

模块	课程	学习单元	课堂学时
1. 施工管理	1-1　核对图纸	（1）体外预应力工程施工图	4
		（2）隧道工程施工图	4
		（3）桥梁工程施工图	4
		（4）坑矿工程施工图	4
		（5）预应力工程复杂部位实施方案修改	2
		（6）建筑信息模型（BIM①）技术应用	16
	1-2　编制方案	（1）预应力工程专项施工方案	4
		（2）隧道钢筋工程专项施工方案	2
		（3）桥梁钢筋工程专项施工方案	2
		（4）坑矿钢筋工程专项施工方案	2
		（5）钢筋工程工艺技术改造方案	2
		（6）钢筋工程设备技术改造方案	2
2. 指导施工	2-1　组织施工	（1）计算机辅助系统应用	6
		（2）钢筋定位安装及施工指导	6
		（3）隧道钢筋工程施工指导	2
		（4）桥梁钢筋工程施工指导	2
		（5）坑矿钢筋工程施工指导	2
		（6）复杂预应力工程张拉控制及调整	2
		（7）复杂预应力工程施工指导	2
	2-2　技术处理	（1）技术改造与创新	2
		（2）钢筋工程应急预案	2
		（3）结构实体检测知识	2
3. 培训创新	3-1　技术培训	（1）建筑行业先进技术应用	4
		（2）信息管理技术应用	4
		（3）钢筋工培训大纲编写	2
	3-2　改造创新	（1）钢筋工程技术的改造和创新	2
		（2）预应力工程技术的改造和创新	2
		（3）装配式建筑技术的改造和创新	2
		（4）操作规程审定	4
		（5）工法审定	2
		（6）新技术的信息采集和推广应用	2
		（7）新工艺的信息采集和推广应用	2
		（8）新材料的信息采集和推广应用	2
		（9）新设备的信息采集和推广应用	2
		（10）创新、改造技术成果转化	4
课堂学时合计			110

① BIM, Building Information Modeling 的缩写，即建筑信息模型。

1.1.3 培训课程选择指导

职业基本素质培训课程为必修课程，相当于本职业的入门课程。各级别职业技能培训课程由培训机构教师根据培训学员实际情况，遵循高级别涵盖低级别的原则进行选择。

原则上，初入职的培训学员应学习职业基本素质培训课程和初级职业技能培训课程的全部内容，对于有职业技能等级提升需求的培训学员，可按照国家职业技能标准的“鉴定要求”，对照自身需求选择更高等级的培训课程。

具有一定从业经验、无职业技能等级晋升要求的培训学员，可根据自身实际情况自主选择本职业培训课程。具体方法如下：（1）选择课程模块；（2）在模块中筛选课程；（3）在课程中筛选学习单元；（4）组合成本次培训的整个课程。

培训教师可以根据以上方法对培训学员进行单独指导。对于订单培训，培训教师可以按照以上方法，对照订单需求进行培训课程的选择。

1.2 职业指南

1.2.1 职业描述

钢筋工是指使用工具、机具进行钢筋加工、骨架预制和钢筋安装的人员。

1.2.2 职业培训对象

参加钢筋工职业培训的对象主要包括：城乡未继续升学的应届初高中毕业生、农村转移就业劳动者、城镇登记失业人员、转岗转业人员、退役军人、企业在职职工和高校毕业生等各类有培训需求的人员。

1.2.3 就业前景

钢筋工的工作岗位包括：普通钢筋工、工长，还可以视情况晋升为钢筋工班组长、技术负责人等行政技术岗位。

1.3 培训机构设置指南

1.3.1 师资配备要求

（1）培训教师任职基本条件

1）培训五级 / 初级工、四级 / 中级工的教师应具有本职业三级 / 高级工以上职业资格证书或相关专业中级及以上专业技术职务任职资格。

2）培训三级 / 高级工的教师应具有本职业二级 / 技师及以上职业资格证书或相关专业高级专业技术职务任职资格。

3）培训二级 / 技师的教师应具有本职业一级 / 高级技师职业资格证书或相关专业高级专业技术职务任职资格。

4）培训一级 / 高级技师的教师应具有本职业一级 / 高级技师职业资格证书 2 年以上或相关专业高级专业技术职务任职资格。

（2）培训教师数量要求（以 30 人培训班为基准）

专业课教师：2 人以上（含 2 人）；培训规模超过 30 人的，按教师与学员之比不低于 1∶20 配备教师。

理论知识考试考评人员与考生的配比为 1∶15，每个标准教室不少于 2 名监考人员；技能操作考核考评人员与考生的配比根据职业特点、考核方式等因素确定，且考评人员为 3 人（含）以上单数；综合评审委员为 3 人（含）以上单数。

1.3.2 培训场所设备配置要求

培训场所设备配置要求如下（以 30 人培训班为基准）：

（1）理论知识培训场所设备配置要求：60 m^2 以上标准教室，多媒体教学设备（计算机、投影仪、幕布或显示屏、网络接入设备、音响设备）、黑板、30 套以上桌椅，符合照明、通风、安全等相关规定。

（2）操作技能培训场所设备配置要求：实习工位充足，设备、设施配套齐全，并配有急救药品和灭火器，符合照明、环保、劳动保护、安全卫生、消防、通风等相关规定及安全规程。钢筋工（二级 / 技师、一级 / 高级技师）的培训场所应增加计算机机房、绘图软件等。

钢筋工主要实训用具、设备及其他物品、材料等配置要求对照表

序号	机械设备及软件	用具	其他物品、材料
五级 / 初级	弯箍机、钢筋切断机、钢筋弯曲机	6 ~ 32 mm 不同直径的钢筋和箍筋、钢筋钩子 30 个、钢筋扳手 30 个	帆布手套 30 副、帆布围裙 30 个、口罩 30 个、垫肩 30 个、铁丝若干、扫帚 2 把、图纸 30 份、工作台 8 套、卫生洁具 8 套、夹板 8 个、A4 纸若干、钢筋卡盘、铁钉、钢筋支架
四级 / 中级	弯箍机、钢筋切断机、钢筋弯曲机、电渣压力焊机、钢筋冷拉机	6 ~ 32 mm 不同直径的钢筋和箍筋、钢筋钩子 30 个、钢筋扳手 30 个、预应力锚夹具	帆布手套 30 副、帆布围裙 30 个、口罩 30 个、垫肩 30 个、铁丝若干、扫帚 2 把、图纸 30 份、工作台 8 套、卫生洁具 8 套、夹板 8 个、A4 纸若干、钢筋卡盘、铁钉、钢筋支架、钢筋平法制图规则、橡皮、铅笔、计算器
三级 / 高级	弯箍机、钢筋切断机、钢筋弯曲机、电渣压力焊机、钢筋冷拉机、预应力张拉机具、电动绑轧机、手提弯曲机、手提切断机、便携智能工具	6 ~ 32 mm 不同直径的钢筋和箍筋、钢筋钩子 30 个、钢筋扳手 30 个	帆布手套 30 副、帆布围裙 30 个、口罩 30 个、垫肩 30 个、铁丝若干、扫帚 2 把、图纸 30 份、工作台 8 套、卫生洁具 8 套、夹板 8 个、A4 纸若干、钢筋卡盘、铁钉、钢筋支架、钢筋平法制图规则、橡皮、铅笔、计算器
二级 / 技师	弯箍机、钢筋切断机、钢筋弯曲机、电渣压力焊机、钢筋冷拉机、预应力张拉机具、计算机 30 台、广联达软件、BIM 钢筋算量软件	6 ~ 32 mm 不同直径的钢筋和箍筋、钢筋钩子 30 个、钢筋扳手 30 个	帆布手套 30 副、帆布围裙 30 个、口罩 30 个、垫肩 30 个、铁丝若干、扫帚 2 把、图纸 30 份、工作台 8 套、卫生洁具 8 套、夹板 8 个、A4 纸若干、钢筋卡盘、铁钉、钢筋支架、钢筋平法制图规则、橡皮、铅笔、计算器、异形结构配筋施工图、空间结构配筋施工图
一级 / 高级技师	弯箍机、钢筋切断机、钢筋弯曲机、电渣压力焊机、钢筋冷拉机、预制钢筋机械、计算机 30 台、广联达软件、BIM 钢筋算量软件、施工方案编制软件、电动绑轧机、手提弯曲机、手提切断机、便携智能工具、预应力张拉机具	6 ~ 32 mm 不同直径的钢筋和箍筋、钢筋钩子 30 个、钢筋扳手 30 个	帆布手套 30 副、帆布围裙 30 个、口罩 30 个、垫肩 30 个、铁丝若干、扫帚 2 把、图纸 30 份、工作台 8 套、卫生洁具 8 套、夹板 8 个、A4 纸若干、钢筋卡盘、铁钉、钢筋支架、钢筋平法制图规则、橡皮、铅笔、计算器，隧道、桥梁、坑矿等复杂、特殊工程结构施工图

1.3.3 教学资料配备要求

（1）培训规范:《钢筋工国家职业技能标准》《钢筋工职业基本素质培训要求》《钢筋工职业技能培训要求》《钢筋工职业基本素质培训课程规范》《钢筋工职业技能培训课程规范》《钢筋工职业基本素质培训考核规范》《钢筋工职业技能培训理论知识考核

规范》《钢筋工职业技能培训操作技能考核规范》。

（2）教学资源、教材教辅、网络资源等内容必须符合“（1）培训规范”。

1.3.4 管理人员配备要求

（1）专职校长：1 人，应具有大专及以上文化程度、中级及以上专业技术职务任职资格，从事职业技术教育及教学管理 5 年以上，熟悉职业培训的有关法律、法规。

（2）教学管理人员：1 人以上，专职不少于 1 人；应具有大专及以上文化程度、中级及以上专业技术职务任职资格，从事职业技术教育及教学管理 5 年以上，具有丰富的教学管理经验。

（3）办公室人员：1 人以上，应具有大专及以上文化程度。

（4）财务管理人员：2 人，应具有大专及以上文化程度。

1.3.5 管理制度要求

应建立健全完备的管理制度，包括办学章程与发展规划、教学管理、教师管理、学员管理、财务管理、设备管理等制度。

2

课程包

2.1 培训要求

2.1.1 职业基本素质培训要求

职业功能模块	培训内容	培训细目
1. 职业认知与职业道德	1–1 职业认知	（1）认知建筑施工工种 （2）认知钢筋工
	1–2 职业道德	职业道德基本规范
	1–3 职业守则	钢筋工职业守则
2. 基础知识	2–1 认知图纸与建筑结构	（1）认知建筑图纸 （2）认知建筑结构 （3）认知钢筋混凝土结构图例符号 （4）认知常规钢筋混凝土结构及构配件的结构施工图
	2–2 认知钢筋	（1）认知钢筋的品种、性能、规格、型号 （2）进行材料验收与保管
	2–3 认知钢筋加工机具	（1）进行常用钢筋加工机具的安全操作 （2）进行常用钢筋加工机具的日常维护和保养
	2–4 认知安全生产	（1）职业健康、劳动保护与安全生产 （2）消防、医疗救护基本知识
	2–5 认知环境保护	（1）施工环境保护 （2）钢筋成品、半成品保护
3. 法律、法规	相关法律、法规知识	（1）相关法律知识 （2）相关法规知识

2.1.2 五级 / 初级职业技能培训要求

职业功能模块	培训内容	技能目标	培训细目
1. 施工准备	1-1 准备作业现场	1-1-1 能正确佩戴个人安全防护用具，能正确使用安全操作平台和小型机械设备	（1）佩戴个人安全防护用具 （2）使用安全操作平台和小型机械设备
		1-1-2 能按照施工作业条件要求清理和准备作业场地	（1）清理、检查现场 （2）准备作业场地
		1-1-3 能识读质量、安全技术交底	识读质量、安全技术交底
		1-1-4 能进行触电、中暑等简单的基本医疗救护	（1）触电基本医疗救护 （2）中暑基本医疗救护 （3）施工现场常见安全事故基本医疗救护
		1-1-5 能正确使用现场消防器材	使用消防器材灭火
	1-2 准备材料、机具	1-2-1 能按配料单搬运、选用和检查钢筋主辅料并进行分类标识	（1）选用和检查钢筋 （2）选用和检查辅料 （3）搬运钢筋主辅料
		1-2-2 能选用、清理、摆放及检查钢筋加工机具	（1）选用及清理钢筋加工机具 （2）摆放及检查钢筋加工机具
		1-2-3 能码放、搬运成型骨架	（1）码放成型骨架 （2）搬运成型骨架
2. 钢筋作业	2-1 钢筋加工	2-1-1 能进行钢筋外观缺陷检查	检查钢筋外观缺陷
		2-1-2 能进行钢筋清污、除锈、调直等操作	（1）钢筋清污 （2）钢筋除锈 （3）钢筋调直
		2-1-3 能使用钢筋加工机具按配料单下料	使用钢筋加工机具下料
		2-1-4 能使用钢筋成型机具进行钢筋加工、骨架成型	使用钢筋成型机具加工钢筋
	2-2 钢筋连接	2-2-1 能进行钢筋定位和临时固定	（1）钢筋定位 （2）钢筋临时固定
		2-2-2 能进行钢筋搭接连接操作	钢筋搭接连接
	2-3 钢筋安装	2-3-1 能进行钢筋网片和骨架绑扎、安装、固定	（1）钢筋网片和骨架绑扎 （2）钢筋网片和骨架安装 （3）钢筋网片和骨架固定 （4）预应力筋骨架绑扎
		2-3-2 能按施工交底要求设置钢筋限位件	设置钢筋限位件

续表

职业功能模块	培训内容	技能目标	培训细目
3. 施工检查	3-1　质量检查	3-1-1　能进行自检	钢筋作业自检
		3-1-2　能检查钢筋网片、骨架绑扎、定位、固定质量	(1) 钢筋网片和骨架绑扎质量检查 (2) 钢筋网片和骨架定位质量检查 (3) 钢筋网片和骨架固定质量检查
	3-2　调整保护	3-2-1　能进行钢筋位置的调整	(1) 调整钢筋位置 (2) 调整钢筋变形
		3-2-2　能修复施工过程中发生的钢筋移位和变形	(1) 钢筋成品保护 (2) 钢筋移位和变形修复

2.1.3　四级 / 中级职业技能培训要求

职业功能模块	培训内容	技能目标	培训细目
1. 施工准备	1-1　准备材料、机具	1-1-1　能进行钢筋进场验收	(1) 钢筋进场验收 (2) 钢筋进场取样 (3) 检测报告识读
		1-1-2　能选用预应力施工所选用的锚具、夹具及张拉设备	选用预应力施工机具
		1-1-3　能选用钢筋机械连接机具	选用钢筋机械连接机具
		1-1-4　能进行钢筋加工机具日常维护	(1) 维护钢筋切断机 (2) 维护钢筋弯曲机 (3) 维护钢筋机械连接机具 (4) 维护预应力施工机具
	1-2　识读图纸方案	1-2-1　能识读框架、剪力墙、混合结构等结构施工图	(1) 识读框架结构施工图 (2) 识读剪力墙结构施工图 (3) 识读混合结构施工图
		1-2-2　能识读预制构件配筋图	(1) 预制构件基础知识 (2) 预制梁、柱、墙、板、楼梯等预制构件配筋图
		1-2-3　能识读钢筋工程施工方案	识读钢筋工程施工方案
		1-2-4　能对简支梁、板、构造柱等简单构件进行布筋放线	(1) 简支梁的布筋放线 (2) 板的布筋放线 (3) 构造柱的布筋放线
	1-3　编制配料单	1-3-1　能对框架、剪力墙、混合结构等常规结构构件进行钢筋翻样并编制配料单	(1) 进行框架结构构件钢筋翻样并编制配料单 (2) 进行剪力墙结构构件钢筋翻样并编制配料单 (3) 进行混合结构构件钢筋翻样并编制配料单
		1-3-2　能对普通楼梯、吊车梁等一般构件进行钢筋翻样并编制配料单	(1) 进行普通楼梯钢筋翻样并编制配料单 (2) 进行吊车梁钢筋翻样并编制配料单

续表

职业功能模块	培训内容	技能目标	培训细目
2. 钢筋作业	2-1　钢筋加工	2-1-1　能使用数控加工设备进行钢筋加工、成型	（1）数控加工设备操作 （2）使用数控加工设备进行钢筋加工、成型
		2-1-2　能进行预应力筋下料和辅料加工	（1）预应力筋下料 （2）预应力筋辅料加工
	2-2　钢筋连接	2-2-1　能进行锥螺纹、直螺纹、套筒挤压接头连接	（1）锥螺纹接头连接 （2）直螺纹接头连接 （3）套筒挤压接头连接
		2-2-2　能进行常规预制构件的钢筋连接拼装	（1）预制梁构件钢筋连接拼装 （2）预制柱构件钢筋连接拼装 （3）预制墙构件钢筋连接拼装 （4）预制板构件钢筋连接拼装
	2-3　钢筋安装	2-3-1　能进行弧形梁、弯折、变截面等较复杂部位钢筋安装	（1）弧形梁钢筋安装 （2）弯折部位钢筋安装 （3）变截面部位钢筋安装
		2-3-2　能进行滑模等特殊施工工艺钢筋安装	滑模施工工艺钢筋安装
		2-3-3　能进行预应力筋及附件的安装和连接	（1）先张法施工预应力筋及附件的安装和连接 （2）后张法施工预应力筋及附件的安装和连接 （3）无粘结后张法施工预应力筋及附件的安装和连接
		2-3-4　能进行预应力筋张拉、锚固、放张等施工操作	（1）先张法施工预应力筋张拉、锚固、放张操作 （2）后张法施工预应力筋张拉、锚固、放张操作 （3）无粘结后张法施工预应力筋张拉、锚固、放张操作
		2-3-5　能进行箱型基础、箱梁等结构钢筋安装	（1）箱型基础钢筋安装 （2）箱梁钢筋安装
3. 施工检查	3-1　质量检查	3-1-1　能检查钢筋网片、骨架及常规连接节点施工质量	（1）钢筋网片施工质量检查 （2）钢筋骨架施工质量检查 （3）常规钢筋连接节点施工质量检查
		3-1-2　能检查预应力筋位置并采取控制措施	（1）预应力筋位置检查 （2）预应力筋位置控制
		3-1-3　能进行预应力筋的自检	预应力筋自检
		3-1-4　能进行钢筋安装质量互检	钢筋安装质量互检
		3-1-5　能防治钢筋施工质量缺陷	钢筋施工质量缺陷防治
	3-2　填写记录	3-2-1　能填写自检、互检、专检记录	（1）填写自检记录表 （2）填写互检记录表 （3）填写专检记录表
		3-2-2　能填写钢筋工程技术资料	（1）填写钢筋工程技术资料 （2）整理钢筋工程技术资料

2.1.4 三级 / 高级职业技能培训要求

<table>
<tr><th>职业功能模块</th><th>培训内容</th><th>技能目标</th><th>培训细目</th></tr>
<tr><td rowspan="10">1. 施工准备</td><td rowspan="3">1-1 识读图纸</td><td>1-1-1 能识读箱型基础、设备基础、牛腿柱、预应力屋架、预应力箱梁、组合结构、烟囱等复杂部位的结构施工图</td><td>（1）识读箱型基础结构施工图
（2）识读设备基础结构施工图
（3）识读牛腿柱结构施工图
（4）识读预应力屋架结构施工图
（5）识读预应力箱梁结构施工图
（6）识读组合结构施工图
（7）识读烟囱结构施工图
（8）识读其他复杂部位的结构施工图</td></tr>
<tr><td>1-1-2 能发现配筋的错、碰、漏、缺等问题，并能找出配筋的疑难问题，及重点部位</td><td>综合识读复杂部位模板图、配筋图、预埋件及预留详图</td></tr>
<tr><td>1-1-3 能识读筒体、束筒、框剪、壳体等空间异形结构及装配式结构施工图</td><td>（1）识读筒体结构施工图
（2）识读束筒结构施工图
（3）识读框剪结构施工图
（4）识读壳体结构施工图
（5）识读装配式结构施工图</td></tr>
<tr><td rowspan="3">1-2 编制方案</td><td>1-2-1 能编制常见钢筋工程施工方案、专项施工方案和质量、安全技术交底</td><td>（1）编制常见钢筋工程施工方案
（2）编制钢筋工程专项施工方案
（3）编制质量、安全技术交底</td></tr>
<tr><td>1-2-2 能编制班组施工作业计划</td><td>（1）编制班组作业进度计划
（2）编制班组作业材料计划
（3）编制班组作业质量控制方案</td></tr>
<tr><td>1-2-3 能编制一般预应力施工方案</td><td>（1）编制预应力钢筋的加工制作方案
（2）编制预应力施工工艺方案
（3）编制预应力施工质量控制方案</td></tr>
<tr><td rowspan="4">1-3 编制配料单</td><td>1-3-1 能对复杂构件进行钢筋翻样，并编制钢筋配料单</td><td>（1）编制箱型基础、设备基础、牛腿柱钢筋配料单
（2）编制预应力屋架、预应力箱梁钢筋配料单
（3）编制组合结构及其他复杂构件钢筋配料单</td></tr>
<tr><td>1-3-2 能对烟囱、水塔等特殊构筑物进行钢筋翻样，并编制配料单</td><td>（1）编制烟囱钢筋配料单
（2）编制水塔钢筋配料单</td></tr>
<tr><td>1-3-3 能利用计算机技术进行翻样，并编制配料单</td><td>利用计算机技术进行翻样，并编制配料单</td></tr>
<tr><td>1-3-4 能编制预应力筋及附件配料单</td><td>（1）编制预应力筋配料单
（2）编制预应力筋附件配料单</td></tr>
</table>

续表

职业功能模块	培训内容	技能目标	培训细目
2. 钢筋作业	2-1 钢筋连接	2-1-1 能进行大型预制构件连接	进行大型预制构件连接
		2-1-2 能进行套筒灌浆、滚轧直螺纹、熔融金属充填接头连接	（1）进行套筒灌浆连接 （2）进行滚轧直螺纹连接 （3）进行熔融金属充填接头连接
		2-1-3 能采用新型技术进行连接	采用新型技术进行连接
	2-2 钢筋安装	2-2-1 能进行复杂结构、构件的钢筋安装	（1）安装复杂结构钢筋 （2）安装复杂构件钢筋
		2-2-2 能进行烟囱、水塔等特殊构筑物的钢筋安装	（1）安装烟囱钢筋 （2）安装水塔钢筋 （3）安装其他特殊构筑物的钢筋
		2-2-3 能进行竖向、环形等非常规预应力筋配料与安装	（1）进行竖向预应力筋配料与安装 （2）进行环形预应力筋配料与安装 （3）进行其他非常规预应力筋配料与安装
3. 施工检查	3-1 质量检查	3-1-1 能进行钢筋施工交接检查	（1）进行钢筋施工交接检查 （2）进行钢筋安装隐蔽验收
		3-1-2 能跟踪检查复杂结构、构件、部位的钢筋安装质量	（1）跟踪检查复杂结构钢筋安装质量 （2）跟踪检查复杂构件钢筋安装质量 （3）跟踪检查复杂部位钢筋安装质量
		3-1-3 能对安装中一般质量问题的处理结果进行复核和监督检查	（1）复核质量问题的处理结果 （2）监督检查质量问题的处理结果
	3-2 问题处理	3-2-1 能针对施工中遇到的钢筋安装质量问题提出处理措施	（1）检查普通钢筋安装质量 （2）处理普通钢筋安装质量问题
		3-2-2 能对预应力施工中的质量缺陷进行处理	处理预应力施工质量缺陷
4. 指导施工	4-1 组织施工	4-1-1 能对施工难点、重点、控制点进行指导	（1）指导钢筋难点施工 （2）指导钢筋重点施工 （3）指导钢筋控制点施工
		4-1-2 能应用新技术、新工艺、新材料、新设备进行施工指导	（1）指导新技术施工 （2）指导新工艺施工 （3）指导新材料施工 （4）指导新设备施工
	4-2 技术培训	4-2-1 能编写五级/初级工、四级/中级工的培训资料	（1）编写五级/初级工培训资料 （2）编写四级/中级工培训资料
		4-2-2 能培训五级/初级工、四级/中级工	（1）培训五级/初级工 （2）培训四级/中级工

2.1.5 二级 / 技师职业技能培训要求

职业功能模块	培训内容	技能目标	培训细目
1. 施工管理	1-1 核对图纸	1-1-1 能核对异形结构、空间结构等特殊工程的配筋施工图	（1）核对异形结构的配筋施工图 （2）核对空间结构的配筋施工图
		1-1-2 能对钢筋选型、配筋方式、构造做法等提出合理化建议	（1）异形结构合理化建议 （2）空间结构合理化建议
		1-1-3 能对建筑、结构、安装图纸进行专业对照	（1）异形结构的建筑、结构、安装图纸专业对照 （2）空间结构的建筑、结构、安装图纸专业对照
	1-2 编制方案	1-2-1 能编制异形结构、空间结构等特殊工程的钢筋工程施工方案	（1）编制异形结构的钢筋工程施工方案 （2）编制空间结构的钢筋工程施工方案
		1-2-2 能编制双向曲线预应力和整体预应力等复杂预应力施工方案	（1）编制双向曲线预应力施工方案 （2）编制整体预应力施工方案
		1-2-3 能核算钢筋工程成本	核算钢筋工程成本
	1-3 质量、安全管理	1-3-1 能提出特殊钢筋工程质量控制措施	（1）提出异形结构钢筋工程质量控制措施 （2）提出空间结构钢筋工程质量控制措施
		1-3-2 能提出一般预应力施工的质量、安全措施	（1）提出一般预应力施工的质量控制措施 （2）提出一般预应力施工的安全控制措施
		1-3-3 能提出特殊钢筋工程质量、安全控制点，并提出预控措施	（1）提出特殊钢筋工程质量控制点及预控措施 （2）提出特殊钢筋工程安全控制点及预控措施

续表

职业功能模块	培训内容	技能目标	培训细目
2. 指导施工	2-1 组织施工	2-1-1 能在现场进行异形结构、空间结构的钢筋翻样和编制钢筋配料单，并进行安装指导	（1）壳体结构钢筋配料单的编制，现场钢筋翻样及安装指导 （2）异形池体钢筋配料单的编制，现场钢筋翻样及安装指导
		2-1-2 能进行异形结构、空间结构等复杂预应力筋的配料与安装指导	（1）双曲线冷却塔 （2）特殊预应力结构
	2-2 技术处理	2-2-1 能审查钢筋混凝土构件的钢筋大样图和配料单	（1）审查钢筋混凝土构件的钢筋大样图 （2）审查钢筋混凝土构件的钢筋配料单
		2-2-2 能解决钢筋施工疑难问题	解决钢筋施工疑难问题
3. 培训创新	3-1 技术培训	3-1-1 能编制钢筋工培训计划	编制钢筋工培训计划
		3-1-2 能培训三级 / 高级工及以下级别人员	（1）培训五级 / 初级工 （2）培训四级 / 中级工 （3）培训三级 / 高级工
	3-2 改造创新	3-2-1 能进行施工总结	进行施工总结
		3-2-2 能编写推广应用新技术、新工艺、新材料、新设备的实施方案	（1）编写新技术的推广应用实施方案 （2）编写新工艺的推广应用实施方案 （3）编写新材料的推广应用实施方案 （4）编写新设备的推广应用实施方案
		3-2-3 能针对新结构、新材料的应用进行技术、工艺和设备改造	（1）针对新结构、新材料的应用进行技术改造 （2）针对新结构、新材料的应用进行工艺改造 （3）针对新结构、新材料的应用进行设备改造
		3-2-4 能编写操作规程及工法	（1）编写操作规程 （2）编写工法

2.1.6 一级 / 高级技师职业技能培训要求

职业功能模块	培训内容	技能目标	培训细目
1. 施工管理	1-1 核对图纸	1-1-1 能核对体外预应力、隧道、桥梁、坑矿等复杂、特殊工程结构施工图	（1）核对体外预应力结构施工图 （2）核对隧道工程结构施工图 （3）核对桥梁工程结构施工图 （4）核对坑矿工程结构施工图
		1-1-2 能提出预应力工程复杂部位的实施修改意见	提出预应力工程复杂部位的实施修改意见
		1-1-3 能提出建筑、结构、安装冲突部位的实施修改意见	提出建筑、结构、安装冲突部位的实施修改意见
	1-2 编制方案	1-2-1 能编写各领域复杂、特殊的钢筋工程及预应力工程专项施工方案	（1）预应力工程专项施工方案 （2）编写隧道钢筋工程专项施工方案 （3）编写桥梁钢筋工程专项施工方案 （4）编写坑矿钢筋工程施工方案
		1-2-2 能根据施工方案需要提出工艺、设备技术改造方案	（1）钢筋工程工艺技术改造方案编写 （2）钢筋工程设备技术改造方案编写
2. 指导施工	2-1 组织施工	2-1-1 能利用计算机辅助系统对空间复杂的配筋进行精确翻样、定位安装及施工指导	（1）空间复杂配筋翻样 （2）钢筋定位安装及施工指导
		2-1-2 能指导各领域复杂、特殊的钢筋工程施工	（1）隧道钢筋工程施工指导 （2）桥梁钢筋工程施工指导 （3）坑矿钢筋工程施工指导
		2-1-3 能进行复杂预应力工程的张拉控制、调整及施工指导	（1）复杂预应力工程张拉控制及调整 （2）复杂预应力工程施工指导
	2-2 技术处理	2-2-1 能进行技术改造和创新活动，解决施工中的技术难题	（1）技术改造与创新 （2）解决技术难题
		2-2-2 能编制钢筋工程应急预案	编制钢筋工程应急预案
		2-2-3 能处理施工中的疑难问题	处理施工中疑难问题

续表

职业功能模块	培训内容	技能目标	培训细目
3. 培训创新	3-1 技术培训	3-1-1 能解读和应用本职业先进技术，并组织专题讲座和开展教学	（1）解读先进技术 （2）组织专题教学
		3-1-2 能编写钢筋工培训大纲	编写培训大纲
	3-2 改造创新	3-2-1 能进行钢筋工程、预应力工程、装配式建筑技术的改造和创新	（1）钢筋工程技术的改造和创新 （2）预应力工程技术的改造和创新 （3）装配式建筑技术的改造和创新
		3-2-2 能审定相应级别的操作规程及工法	（1）审定操作规程 （2）审定工法
		3-2-3 能审核新技术、新工艺、新材料、新设备的推广应用方案	（1）审核新技术推广应用方案 （2）审核新工艺推广应用方案 （3）审核新材料推广应用方案 （4）审核新设备推广应用方案
		3-2-4 能将创新、改造技术转化为实用型成果	创新、改造技术转化

2.2 课程规范

2.2.1 职业基本素质培训课程规范

模块	课程	学习单元	课程内容	培训建议	课堂学时
1. 职业认知与职业道德	1-1 职业认知	（1）建筑施工工种简介	1）建筑与建筑施工 2）建筑施工的主要工种 3）建筑施工工种的职业特点	（1）方法：讲授法、案例教学法 （2）重点与难点：建筑施工工种的职业特点	1
		（2）钢筋工简介	1）钢筋工的主要岗位职责 2）钢筋工的主要工作内容	（1）方法：讲授法、案例教学法 （2）重点与难点：钢筋工的主要工作内容	1

续表

<table>
<tr><th>模块</th><th>课程</th><th>学习单元</th><th>课程内容</th><th>培训建议</th><th>课堂学时</th></tr>
<tr><td rowspan="8">1. 职业认知与职业道德</td><td rowspan="2">1-2 职业道德</td><td rowspan="2">职业道德基本规范</td><td>1）道德与职业道德</td><td rowspan="2">（1）方法：讲授法、案例教学法
（2）重点与难点：职业道德的特点与作用</td><td rowspan="2">1</td></tr>
<tr><td>2）职业道德的特点与作用</td></tr>
<tr><td rowspan="6">1-3 职业守则</td><td rowspan="6">钢筋工职业守则</td><td>1）质量至上，效益优先</td><td rowspan="6">（1）方法：讲授法、案例教学法
（2）重点与难点：质量至上，效益优先</td><td rowspan="6">1</td></tr>
<tr><td>2）爱岗敬业，忠于职守</td></tr>
<tr><td>3）遵纪守法，安全生产</td></tr>
<tr><td>4）尊师爱徒，团结互助</td></tr>
<tr><td>5）勤俭节约，关心企业</td></tr>
<tr><td>6）钻研技术，勇于创新</td></tr>
<tr><td rowspan="8">2. 基础知识</td><td rowspan="8">2-1 认知图纸与建筑结构</td><td rowspan="3">（1）识图和结构构造基础</td><td>1）建筑物的构造组成</td><td rowspan="3">（1）方法：讲授法、案例教学法
（2）重点与难点：建筑工程图纸的组成与功能</td><td rowspan="3">6</td></tr>
<tr><td>2）建筑结构基础知识</td></tr>
<tr><td>3）建筑工程图纸的组成与功能</td></tr>
<tr><td>（2）钢筋混凝土结构图例符号</td><td>钢筋混凝土结构图例符号</td><td>（1）方法：讲授法、案例教学法
（2）重点与难点：钢筋混凝土结构图例符号</td><td>2</td></tr>
<tr><td rowspan="4">（3）常规钢筋混凝土结构及构配件的结构施工图</td><td>1）基础施工图</td><td rowspan="4">（1）方法：讲授法、案例教学法
（2）重点与难点：基础施工图，墙、柱施工图，梁、板施工图</td><td rowspan="4">8</td></tr>
<tr><td>2）墙、柱施工图</td></tr>
<tr><td>3）梁、板施工图</td></tr>
<tr><td>4）楼梯施工图</td></tr>
</table>

续表

模块	课程	学习单元	课程内容	培训建议	课堂学时
2．基础知识	2-2 认知钢筋	（1）钢筋材料认知	1）钢筋的分类	（1）方法：讲授法、案例教学法 （2）重点：钢筋的工艺性能 （3）难点：钢筋的力学性能	2
			2）钢筋的力学性能		
			3）钢筋的工艺性能		
			4）钢筋的规格与型号		
		（2）材料验收和保管	1）钢筋入场验收程序	（1）方法：讲授法、案例教学法 （2）重点与难点：钢筋入场验收内容及方法	2
			2）钢筋入场验收内容及方法		
			3）钢筋储存及保管注意事项		
			4）钢筋辅材的验收和保管		
	2-3 认知钢筋加工机具	（1）常用钢筋加工机具的安全操作	1）钢筋调直机具的安全操作	（1）方法：讲授法、案例教学法 （2）重点与难点：钢筋切断机具的安全操作、钢筋弯曲机具的安全操作、钢筋机械连接机具的安全操作	2
			2）钢筋切断机具的安全操作		
			3）钢筋弯曲机具的安全操作		
			4）钢筋冷加工机具的安全操作		
			5）钢筋机械连接机具的安全操作		
			6）钢筋手工机具的安全操作		
		（2）常用钢筋加工机具的日常维护和保养	1）钢筋调直机具的日常维护和保养	（1）方法：讲授法、案例教学法 （2）重点与难点：钢筋切断机具的日常维护和保养、钢筋弯曲机具的日常维护和保养、钢筋机械连接机具的日常维护和保养	2
			2）钢筋切断机具的日常维护和保养		
			3）钢筋弯曲机具的日常维护和保养		
			4）钢筋冷加工机具的日常维护和保养		
			5）钢筋机械连接机具的日常维护和保养		
			6）钢筋手工机具的日常维护和保养		

续表

模块	课程	学习单元	课程内容	培训建议	课堂学时
2．基础知识	2-4 认知安全生产	（1）职业健康、劳动保护与安全生产	1）现场一般安全作业要求与安全标识认知	（1）方法：讲授法、案例教学法 （2）重点与难点：临边作业安全防护，高空作业安全防护，临时用电安全要求，冬、雨期施工安全要求	2
			2）临边作业安全防护		
			3）高空作业安全防护		
			4）临时用电安全要求		
			5）钢筋运输及装卸安全要求		
			6）钢筋绑扎与安装安全要求		
			7）冬、雨期施工安全要求		
		（2）消防、医疗救护基础知识	1）消防基础知识	（1）方法：讲授法、案例教学法 （2）重点与难点：消防基础知识、医疗救护基础知识	2
			2）医疗救护基础知识		
	2-5 认知环境保护	（1）施工环境保护	1）绿色施工概念	（1）方法：讲授法、案例教学法 （2）重点与难点：环保施工技术措施	2
			2）环保施工技术措施		
		（2）钢筋成品、半成品保护	1）钢筋半成品保护措施	（1）方法：讲授法、案例教学法 （2）重点与难点：钢筋半成品保护措施、钢筋成品保护措施	2
			2）钢筋成品保护措施		
3．法律、法规	相关法律、法规知识	（1）相关法律知识	1）《中华人民共和国建筑法》相关知识	（1）方法：讲授法、案例教学法 （2）重点与难点：《中华人民共和国建筑法》相关知识、《中华人民共和国安全生产法》相关知识、《中华人民共和国环境保护法》相关知识	2
			2）《中华人民共和国安全生产法》相关知识		
			3）《中华人民共和国环境保护法》相关知识		
			4）《中华人民共和国劳动法》相关知识		
			5）《中华人民共和国劳动合同法》相关知识		
		（2）相关法规知识	1）《建筑工程安全生产管理条例》相关知识	（1）方法：讲授法、案例教学法 （2）重点与难点：《建筑工程安全生产管理条例》和《建筑工程质量管理条例》相关知识	2
			2）《建筑工程质量管理条例》相关知识		
			3）地方性法规知识		

2.2.2 五级 / 初级职业技能培训课程规范

<table>
<tr><th>模块</th><th>课程</th><th>学习单元</th><th>课程内容</th><th>培训建议</th><th>课堂学时</th></tr>
<tr><td rowspan="15">1. 施工准备</td><td rowspan="15">1-1 准备作业现场</td><td rowspan="3">（1）个人安全防护和安全操作</td><td>1）职业健康和安全生产要求</td><td rowspan="3">（1）方法：讲授法、案例教学法
（2）重点与难点：钢筋工安全技术操作规程</td><td rowspan="3">2</td></tr>
<tr><td>2）个人安全防护用具
①安全帽
②安全带
③防护手套</td></tr>
<tr><td>3）钢筋工安全技术操作规程</td></tr>
<tr><td rowspan="3">（2）作业场地清理和准备</td><td>1）文明施工要求</td><td rowspan="3">（1）方法：讲授法、演示法、案例教学法
（2）重点与难点：作业场地要求</td><td rowspan="3">2</td></tr>
<tr><td>2）作业场地要求</td></tr>
<tr><td>3）作业场地清理和准备
①地面作业
②高空作业</td></tr>
<tr><td rowspan="2">（3）质量、安全技术交底</td><td>1）质量技术交底内容</td><td rowspan="2">（1）方法：讲授法、案例教学法
（2）重点与难点：安全技术交底内容</td><td rowspan="2">2</td></tr>
<tr><td>2）安全技术交底内容</td></tr>
<tr><td rowspan="3">（4）施工现场应急救护</td><td>1）施工现场触电应急救护</td><td rowspan="3">（1）方法：讲授法、演示法、案例教学法
（2）重点与难点：施工现场触电应急救护、施工现场中暑应急救护、施工现场常见安全事故应急救护</td><td rowspan="3">2</td></tr>
<tr><td>2）施工现场中暑应急救护</td></tr>
<tr><td>3）施工现场常见安全事故应急救护</td></tr>
<tr><td rowspan="4">（5）施工现场消防安全</td><td>1）消防安全要求</td><td rowspan="4">（1）方法：讲授法、演示法、案例教学法
（2）重点与难点：消防安全要求；施工现场常见消防器材种类</td><td rowspan="4">2</td></tr>
<tr><td>2）施工现场常见消防器材种类
①灭火器
②消防水泵
③消火栓</td></tr>
<tr><td>3）灭火器灭火
①使用方法
②使用范围</td></tr>
<tr><td>4）消防水泵及消火栓的使用方法</td></tr>
</table>

续表

<table>
<tr><th>模块</th><th>课程</th><th>学习单元</th><th>课程内容</th><th>培训建议</th><th>课堂学时</th></tr>
<tr><td rowspan="12">1. 施工准备</td><td rowspan="12">1–2 准备材料机具</td><td rowspan="5">（1）钢筋主辅料</td><td>1）钢筋的规格、种类</td><td rowspan="5">（1）方法：讲授法、演示法、案例教学法
（2）重点与难点：钢筋的规格、种类，钢筋主辅料的运输、装卸、码放和标识要求</td><td rowspan="5">4</td></tr>
<tr><td>2）钢筋辅料
①绑扎丝
②垫块
③塑料卡</td></tr>
<tr><td>3）配料单的识读</td></tr>
<tr><td>4）领料、备料程序</td></tr>
<tr><td>5）钢筋主辅料的运输、装卸、码放和标识要求</td></tr>
<tr><td rowspan="3">（2）钢筋加工机具</td><td>1）钢筋加工机具的选用、清理要求
①除锈机
②调直机
③切断机
④弯曲机</td><td rowspan="3">（1）方法：讲授法、演示法、案例教学法
（2）重点与难点：钢筋加工机具的操作方法及安全规程</td><td rowspan="3">4</td></tr>
<tr><td>2）钢筋加工机具的摆放、安装要求</td></tr>
<tr><td>3）钢筋加工机具的操作方法及安全规程</td></tr>
<tr><td rowspan="4">（3）成型骨架码放、搬运</td><td>1）成型骨架的组成</td><td rowspan="4">（1）方法：讲授法、演示法
（2）重点与难点：成型骨架码放要求、成型骨架搬运要求</td><td rowspan="4">4</td></tr>
<tr><td>2）成型骨架保护要求</td></tr>
<tr><td>3）成型骨架码放要求</td></tr>
<tr><td>4）成型骨架搬运要求</td></tr>
<tr><td rowspan="6">2. 钢筋作业</td><td rowspan="6">2–1 钢筋加工</td><td rowspan="3">（1）钢筋外观缺陷检查</td><td>1）钢筋外观缺陷
①污垢
②锈蚀
③结疤
④裂痕
⑤变形</td><td rowspan="3">（1）方法：讲授法、演示法
（2）重点与难点：钢筋外观质量检查要求</td><td rowspan="3">2</td></tr>
<tr><td>2）钢筋外观质量检查要求</td></tr>
<tr><td>3）钢筋外观质量检查方法</td></tr>
<tr><td rowspan="3">（2）钢筋清污、除锈、调直</td><td>1）钢筋清污
①清污方法
②清污质量要求</td><td rowspan="3">（1）方法：讲授法、演示法
（2）重点与难点：钢筋清污、钢筋除锈、钢筋调直</td><td rowspan="3">4</td></tr>
<tr><td>2）钢筋除锈
①除锈方法
②除锈质量要求</td></tr>
<tr><td>3）钢筋调直
①调直方法
②调直质量要求</td></tr>
</table>

续表

<table>
<tr><th>模块</th><th>课程</th><th>学习单元</th><th>课程内容</th><th>培训建议</th><th>课堂学时</th></tr>
<tr><td rowspan="18">2. 钢筋作业</td><td rowspan="6">2-1 钢筋加工</td><td rowspan="4">（3）使用钢筋加工机具下料</td><td>1）钢筋度量工具</td><td rowspan="4">（1）方法：讲授法、演示法
（2）重点与难点：使用钢筋加工机具下料</td><td rowspan="4">4</td></tr>
<tr><td>2）钢筋度量方法</td></tr>
<tr><td>3）使用钢筋加工机具下料
①手动切断
②机械切断</td></tr>
<tr><td>4）手动工具的使用</td></tr>
<tr><td rowspan="2">（4）使用钢筋成型机具加工钢筋</td><td>1）钢筋弯曲加工
①手动弯曲
②机械弯曲</td><td rowspan="2">（1）方法：讲授法、演示法
（2）重点与难点：钢筋弯曲加工</td><td rowspan="2">2</td></tr>
<tr><td>2）钢筋骨架成型</td></tr>
<tr><td rowspan="5">2-2 钢筋连接</td><td rowspan="3">（1）钢筋定位和临时固定</td><td>1）钢筋保护层</td><td rowspan="3">（1）方法：讲授法、演示法
（2）重点与难点：钢筋定位、钢筋临时固定</td><td rowspan="3">4</td></tr>
<tr><td>2）钢筋定位
①钢筋定位工艺方法
②质量要求</td></tr>
<tr><td>3）钢筋临时固定
①钢筋临时固定措施
②质量要求</td></tr>
<tr><td rowspan="2">（2）钢筋搭接连接</td><td>1）钢筋搭接连接要求</td><td rowspan="2">（1）方法：讲授法、演示法
（2）重点与难点：钢筋搭接连接要求、钢筋搭接连接</td><td rowspan="2">4</td></tr>
<tr><td>2）钢筋搭接连接
①搭接方法
②搭接工具</td></tr>
<tr><td rowspan="7">2-3 钢筋安装</td><td rowspan="7">（1）钢筋绑扎、安装和固定</td><td>1）钢筋绑扎材料</td><td rowspan="7">（1）方法：讲授法、演示法
（2）重点与难点：钢筋绑扎方法、钢筋锚固要求、钢筋节点构造</td><td rowspan="7">6</td></tr>
<tr><td>2）钢筋绑扎方法
①手动绑扎
②机械绑扎</td></tr>
<tr><td>3）钢筋锚固要求</td></tr>
<tr><td>4）钢筋连接接头位置
①受力筋
②非受力筋</td></tr>
<tr><td>5）钢筋节点构造
①支座处
②梁柱节点处
③梁板节点处</td></tr>
<tr><td>6）钢筋连接、安装质量要求</td></tr>
<tr><td>7）预制钢筋骨架绑扎工艺及要求</td></tr>
</table>

续表

模块	课程	学习单元	课程内容	培训建议	课堂学时
2. 钢筋作业	2-3 钢筋安装	（2）钢筋限位件设置	1）施工交底要求 2）垫块的设置要求 3）塑料卡的设置要求 4）支撑筋的设置要求	（1）方法：讲授法、演示法 （2）重点与难点：设置钢筋限位件	2
3. 施工检查	3-1 质量检查	（1）钢筋作业自检	1）自检的要求 2）自检的方法	（1）方法：讲授法、演示法 （2）重点与难点：自检的方法	2
		（2）钢筋成品质量检查	1）钢筋网片、骨架绑扎质量检查 2）钢筋网片、骨架安装质量检查 3）钢筋连接质量检查 4）钢筋限位件安装质量检查	（1）方法：讲授法、案例教学法 （2）重点与难点：钢筋网片、骨架安装质量检查，钢筋限位件安装质量检查	4
	3-2 调整保护	（1）钢筋调整	1）钢筋位置调整 2）钢筋变形调整	（1）方法：讲授法、演示法 （2）重点与难点：钢筋位置调整	2
		（2）钢筋修复	1）钢筋成品保护常识及方法 2）修复钢筋移位和变形的方法	（1）方法：讲授法、案例教学法 （2）重点与难点：钢筋成品保护方法	2

2.2.3 四级 / 中级职业技能培训课程规范

模块	课程	学习单元	课程内容	培训建议	课堂学时
1. 施工准备	1-1 准备材料、机具	（1）钢筋进场验收	钢筋进场验收 ①验收流程 ②验收内容 ③验收标准 ④复检内容	（1）方法：讲授法、案例教学法、实训法 （2）重点与难点：钢筋进场验收标准	2
		（2）钢筋进场取样	钢筋进场取样 ①取样方法 ②取样要点 ③取样操作	（1）方法：讲授法、案例教学法、实训法 （2）重点与难点：钢筋取样操作	2

续表

模块	课程	学习单元	课程内容	培训建议	课堂学时
1. 施工准备	1-1 准备材料、机具	（3）检测报告识读	检测报告识读 ①检测报告内容 ②检测报告识读	（1）方法：讲授法、案例教学法、实训法 （2）重点与难点：检测报告识读	2
		（4）预应力施工设备选用	预应力施工设备选用 ①预应力施工分类 ②预应力施工机具认知 ③预应力施工机具安全操作	（1）方法：讲授法、案例教学法、实训法 （2）重点与难点：预应力施工机具安全操作	4
		（5）钢筋机械连接机具	钢筋机械连接机具选用 ①钢筋连接方法 ②钢筋机械连接机具选用 ③钢筋机械连接机具安全操作	（1）方法：讲授法、案例教学法 （2）重点与难点：钢筋机械连接机具安全操作	2
		（6）钢筋加工机具日常维护	1）钢筋切断机日常维护	（1）方法：讲授法、案例教学法 （2）重点与难点：钢筋切断机、弯曲机、机械连接机具日常维护	2
			2）钢筋弯曲机日常维护		
			3）钢筋机械连接机具日常维护		
			4）预应力施工机具日常维护		
	1-2 识读图纸方案	（1）框架结构施工图	1）结构施工图基础知识	（1）方法：讲授法、案例教学法 （2）重点与难点：梁、柱、板、楼梯平法施工图识读	10
			2）梁平法施工图识读 ①框架梁结构构造 ②框架梁施工图的平法图示		
			3）柱平法施工图识读 ①框架柱结构构造 ②框架柱施工图的平法图示		
			4）板平法施工图识读 ①楼板结构构造 ②楼板施工图的平法图示		
			5）楼梯平法施工图识读 ①楼梯结构构造 ②楼梯施工图的平法图示		
		（2）剪力墙结构施工图	剪力墙结构施工图识读 ①剪力墙结构构造 ②剪力墙施工图的平法图示	（1）方法：讲授法、案例教学法 （2）重点与难点：剪力墙结构构造	2

续表

模块	课程	学习单元	课程内容	培训建议	课堂学时
1. 施工准备	1–2 识读图纸方案	（3）混合结构施工图	1）混合结构基础知识	（1）方法：讲授法、案例教学法 （2）重点与难点：简支梁、构造柱、墙体拉结筋施工图识读	2
			2）简支梁施工图 ①简支梁钢筋构造 ②简支梁施工图识读		
			3）构造柱施工图 ①构造柱结构构造 ②构造柱施工图识读		
			4）墙体拉结筋 ①墙体拉结筋构造 ②墙体拉结筋施工图识读		
		（4）预制构件配筋图	1）预制构件基础知识 ①装配式混凝土结构体系 ②预制构件分类	（1）方法：讲授法、案例教学法 （2）重点与难点：预制梁、柱、墙、板、楼梯配筋图识读	10
			2）预制梁结构施工图识读 ①预制梁钢筋构造 ②配筋图识读		
			3）预制柱结构施工图识读 ①预制柱钢筋构造 ②配筋图识读		
			4）预制墙结构施工图识读 ①预制墙钢筋构造 ②配筋图识读		
			5）预制板结构施工图识读 ①预制板钢筋构造 ②配筋图识读		
			6）预制楼梯结构施工图识读 ①预制楼梯钢筋构造 ②配筋图识读		
		（5）钢筋工程施工方案	钢筋工程施工方案识读 ①专项施工方案内容 ②专项施工方案识读	（1）方法：讲授法、案例教学法 （2）重点与难点：专项施工方案识读	1
		（6）简支梁布筋放线	简支梁布筋放线 ①布筋放线顺序 ②布筋放线操作要点 ③布筋放线操作	（1）方法：讲授法、案例教学法、实训法 （2）重点与难点：简支梁布筋放线操作	1

续表

模块	课程	学习单元	课程内容	培训建议	课堂学时
1. 施工准备	1-2 识读图纸方案	（7）板布筋放线	板布筋放线 ①布筋放线顺序 ②布筋放线操作要点 ③布筋放线操作	（1）方法：讲授法、案例教学法、实训法 （2）重点与难点：板布筋放线操作	1
		（8）构造柱布筋放线	构造柱布筋放线 ①布筋放线顺序 ②布筋放线操作要点 ③布筋放线操作	（1）方法：讲授法、案例教学法、实训法 （2）重点与难点：构造柱布筋放线操作	1
	1-3 编制配料单	（1）框架结构构件钢筋翻样及配料单编制	1）钢筋翻样及配料单编制基础知识 ①比例尺应用 ②钢筋翻样方法及流程 ③配料单编制流程	（1）方法：讲授法、案例教学法、项目教学法 （2）重点与难点：框架梁、板、柱等构件钢筋翻样及配料单编制	18
			2）框架梁钢筋翻样及配料单编制 ①梁纵筋锚固、接头、弯钩等规定 ②梁箍筋位置及排列算法 ③梁钢筋下料计算方法 ④配料单编制		
			3）框架板钢筋翻样及配料单编制 ①板底部钢筋锚固、排列规定 ②板顶部钢筋锚固、排列规定 ③板钢筋下料计算方法 ④配料单编制		
			4）框架柱钢筋翻样及配料单编制 ①柱纵筋锚固、接头、弯钩等规定 ②柱箍筋加密、排列等规定 ③柱钢筋下料计算方法 ④配料单编制		
		（2）剪力墙结构构件钢筋翻样及配料单编制	剪力墙结构构件钢筋翻样及配料单编制 ①墙身钢筋锚固、起止位置、排列算法及规定 ②墙柱钢筋锚固、起止位置、排列算法及规定 ③墙梁钢筋锚固、起止位置、排列算法及规定 ④剪力墙钢筋下料计算方法 ⑤配料单编制	（1）方法：讲授法、案例教学法、演示法 （2）重点与难点：剪力墙结构构件钢筋翻样及配料单编制	6

续表

模块	课程	学习单元	课程内容	培训建议	课堂学时
1. 施工准备	1–3 编制配料单	（3）混合结构构件钢筋翻样及配料单编制	1）构造柱钢筋翻样及配料单编制 ①构造柱纵筋锚固、接头、弯钩等规定 ②构造柱箍筋起止位置及排列算法 ③构造柱钢筋下料计算方法 ④配料单编制 2）简支梁钢筋翻样及配料单编制 ①简支梁纵筋锚固、接头、弯钩、箍筋加宽等规定 ②简支梁箍筋起止位置及排列算法 ③简支梁钢筋下料计算方法 ④配料单编制 3）墙体拉结筋翻样及配料单编制 ①墙体拉结筋锚固、弯钩等规定 ②墙体拉结筋排列算法 ③墙体拉结筋下料计算方法 ④配料单编制	（1）方法：讲授法、案例教学法、演示法 （2）重点与难点：构造柱、简支梁钢筋翻样及配料单编制，墙体拉结筋翻样及配料单编制	6
		（4）普通楼梯钢筋翻样及配料单编制	楼梯钢筋翻样及配料单编制 ①楼梯钢筋锚固、接头、弯钩等规定 ②楼梯钢筋起止位置及排列算法 ③楼梯钢筋下料计算方法 ④配料单编制	（1）方法：讲授法、案例教学法、项目教学法 （2）重点与难点：楼梯钢筋配料单编制	2
		（5）吊车梁钢筋翻样及配料单编制	吊车梁钢筋翻样及配料单编制 ①吊车梁钢筋锚固、接头、弯钩等规定 ②吊车梁箍筋起止位置及排列算法 ③吊车梁钢筋下料计算方法 ④配料单编制	（1）方法：讲授法、案例教学法、项目教学法 （2）重点与难点：吊车梁配料单编制	2

续表

模块	课程	学习单元	课程内容	培训建议	课堂学时
2. 钢筋作业	2-1 钢筋加工	(1) 使用数控加工设备进行钢筋加工、成型	1）钢筋数控加工设备 ①数控加工设备认知 ②数控加工设备操作	(1) 方法：讲授法、案例教学法 (2) 重点与难点：数控加工设备操作	2
			2）使用数控加工设备进行钢筋加工、成型 ①箍筋加工 ②纵筋加工		
		(2) 预应力筋下料	预应力筋下料 ①预应力筋下料基础知识 ②先张法预应力筋下料 ③后张法预应力筋下料	(1) 方法：讲授法、案例教学法 (2) 重点与难点：预应力筋下料	4
		(3) 预应力筋辅料加工	预应力筋辅料加工 ①预应力筋辅料加工内容 ②先张法预应力筋辅料加工 ③后张法预应力筋辅料加工	(1) 方法：讲授法、案例教学法 (2) 重点与难点：预应力筋辅料加工	4
	2-2 钢筋连接	(1) 钢筋连接基础知识	1）钢筋连接构造要求	(1) 方法：讲授法、案例教学法、实训法 (2) 重点与难点：机械接头取样复试	2
			2）机械连接基础知识		
			3）机械接头取样复试		
		(2) 机械连接	1）锥螺纹接头连接 ①锥螺纹接头连接操作要点 ②锥螺纹接头连接操作	(1) 方法：讲授法、案例教学法、实训法 (2) 重点与难点：锥螺纹、直螺纹、套筒挤压接头连接操作	2
			2）直螺纹接头连接 ①直螺纹接头连接操作要点 ②直螺纹接头连接操作		
			3）套筒挤压接头连接 ①套筒挤压接头连接操作要点 ②套筒挤压接头连接操作		
		(3) 预制梁与预制柱的钢筋连接拼装	预制梁与预制柱的钢筋连接拼装 ①构件连接要点 ②构件连接操作	(1) 方法：讲授法、案例教学法、实训法 (2) 重点与难点：预制梁与预制柱的钢筋连接拼装	2
		(4) 预制梁与预制板的钢筋连接拼装	预制梁与预制板的钢筋连接拼装 ①构件连接要点 ②构件连接操作	(1) 方法：讲授法、案例教学法、实训法 (2) 重点与难点：预制梁与预制板的钢筋连接拼装	2

续表

模块	课程	学习单元	课程内容	培训建议	课堂学时
2. 钢筋作业	2-2 钢筋连接	（5）预制柱构件的钢筋连接拼装	预制柱构件的钢筋连接拼装 ①构件连接要点 ②构件连接操作	（1）方法：讲授法、案例教学法、实训法 （2）重点与难点：预制柱构件的钢筋连接拼装	2
		（6）预制剪力墙之间的钢筋连接拼装	预制剪力墙之间的钢筋连接拼装 ①构件连接要点 ②构件连接操作	（1）方法：讲授法、案例教学法、实训法 （2）重点与难点：预制剪力墙之间的钢筋连接拼装	2
	2-3 钢筋安装	（1）弧形梁钢筋安装	弧形梁钢筋安装 ①弧形梁钢筋布筋、穿筋要求 ②弧形梁钢筋安装操作	（1）方法：讲授法、案例教学法 （2）重点与难点：弧形梁钢筋安装操作	2
		（2）弯折部位钢筋安装	弯折部位钢筋安装 ①弯折部位钢筋布筋、穿筋要求 ②弯折部位钢筋安装操作	（1）方法：讲授法、案例教学法、实训法 （2）重点与难点：弯折部位钢筋安装操作	2
		（3）变截面部位钢筋安装	变截面部位钢筋安装 ①变截面部位钢筋布筋、穿筋要求 ②变截面部位钢筋安装操作	（1）方法：讲授法、案例教学法、实训法 （2）重点与难点：变截面部位钢筋安装操作	2
		（4）滑模等特殊施工工艺钢筋安装	滑模施工工艺钢筋安装 ①滑模施工工艺钢筋绑扎、连接要求 ②滑模施工工艺钢筋安装操作	（1）方法：讲授法、案例教学法、实训法 （2）重点与难点：滑模施工工艺钢筋安装操作	2
		（5）先张法预应力筋安装	1）先张法施工工艺 2）预应力筋的安装和连接 3）附件的安装与连接 4）张拉、锚固、张放等操作	（1）方法：讲授法、案例教学法、实训法 （2）重点与难点：先张法预应力筋的安装和连接	4
		（6）后张法预应力筋安装	1）后张法施工工艺 2）预应力筋的安装和连接 3）附件的安装与连接 4）张拉、锚固、张放等操作	（1）方法：讲授法、案例教学法、实训法 （2）重点与难点：后张法预应力筋的安装和连接	2

续表

模块	课程	学习单元	课程内容	培训建议	课堂学时
2. 钢筋作业	2-3 钢筋安装	（7）无粘结后张法预应力筋安装	1）无粘结后张法施工工艺 2）预应力筋的安装和连接 3）附件的安装与连接 4）张拉、锚固、张放等操作	（1）方法：讲授法、案例教学法、实训法 （2）重点与难点：无粘结后张法预应力筋的安装和连接	2
		（8）箱型基础钢筋安装	箱型基础钢筋安装 ①安装顺序 ②安装要点 ③安装操作	（1）方法：讲授法、案例教学法、实训法 （2）重点与难点：箱型基础钢筋安装	2
		（9）箱梁钢筋安装	箱梁钢筋安装 ①安装顺序 ②安装要点 ③安装操作	（1）方法：讲授法、案例教学法、实训法 （2）重点与难点：箱梁钢筋安装	2
3. 施工检查	3-1 质量检查	（1）钢筋网片施工质量检查	钢筋网片施工质量检查 ①验收标准 ②检查方法 ③检查操作	（1）方法：讲授法、案例教学法 （2）重点与难点：钢筋网片施工质量检查	2
		（2）钢筋骨架施工质量检查	钢筋骨架施工质量检查 ①验收标准 ②检查方法 ③检查操作	（1）方法：讲授法、案例教学法 （2）重点与难点：钢筋骨架施工质量检查	2
		（3）钢筋连接节点施工质量检查	钢筋连接节点施工质量检查 ①验收标准 ②检查方法 ③检查操作	（1）方法：讲授法、案例教学法 （2）重点与难点：钢筋连接节点施工质量检查	2
		（4）预应力筋位置检查与控制	1）预应力筋位置检查 ①验收标准 ②检查方法 2）预应力筋位置控制措施	（1）方法：讲授法、案例教学法 （2）重点与难点：预应力筋位置控制措施	2
		（5）预应力筋的自检	1）预应力筋自检内容及方法 2）预应力筋自检操作	（1）方法：讲授法、案例教学法 （2）重点与难点：预应力筋自检操作	2

续表

模块	课程	学习单元	课程内容	培训建议	课堂学时
3. 施工检查	3-1 质量检查	(6) 钢筋安装质量互检	1) 钢筋安装质量互检内容及方法 2) 钢筋安装质量互检操作	(1) 方法：讲授法、案例教学法 (2) 重点与难点：钢筋安装质量互检操作	2
		(7) 钢筋施工质量缺陷及防治	1) 钢筋施工质量缺陷 2) 钢筋施工质量缺陷防治措施	(1) 方法：讲授法、案例教学法 (2) 重点与难点：钢筋施工质量缺陷防治措施	2
	3-2 填写记录	(1) 自检记录表填写	1) “三检制”的有关规定 2) 自检记录表的填写 ①自检记录表内容 ②自检记录表填写注意事项 ③填写自检记录表	(1) 方法：讲授法、案例教学法 (2) 重点与难点：自检记录表的填写	2
		(2) 互检、专检记录表填写	互检、专检记录表的填写 ①互检、专检记录表内容 ②互检、专检记录表填写注意事项 ③填写互检、专检记录表	(1) 方法：讲授法、案例教学法 (2) 重点与难点：互检、专检记录表的填写	2
		(3) 钢筋工程技术资料填写	1) 钢筋工程技术资料内容 2) 钢筋工程技术资料填写	(1) 方法：讲授法、案例教学法 (2) 重点与难点：钢筋工程技术资料填写	2
		(4) 钢筋工程技术资料整理	1) 钢筋工程技术资料整理规范 2) 钢筋工程技术资料整理	(1) 方法：讲授法、案例教学法 (2) 重点与难点：钢筋工程技术资料整理	2

2.2.4 三级 / 高级职业技能培训课程规范

模块	课程	学习单元	课程内容	培训建议	课堂学时
1. 施工准备	1–1 识读图纸	（1）箱型基础结构施工图	1）箱型基础受力特征和配筋构造 2）箱型基础预埋管线、孔洞及构配件 3）箱型基础模板图、配筋图、预埋件及预留详图 4）箱型基础配筋错、碰、漏、缺等问题 5）箱型基础配筋疑难问题及重点部位	（1）方法：讲授法、案例教学法 （2）重点：箱型基础模板图、配筋图、预埋件及预留详图 （3）难点：箱型基础配筋错、碰、漏、缺等问题；箱型基础配筋疑难问题及重点部位	2
		（2）设备基础结构施工图	1）设备基础受力特征和配筋构造 2）设备基础预埋管线、孔洞及构配件 3）设备基础模板图、配筋图、预埋件及预留详图 4）设备基础配筋错、碰、漏、缺等问题 5）设备基础配筋疑难问题及重点部位	（1）方法：讲授法、案例教学法 （2）重点：设备基础模板图、配筋图、预埋件及预留详图 （3）难点：设备基础配筋错、碰、漏、缺等问题；设备基础配筋疑难问题及重点部位	2
		（3）牛腿柱结构施工图	1）牛腿柱受力特征和配筋构造 2）牛腿柱预埋管线、孔洞及构配件 3）牛腿柱模板图、配筋图、预埋件及预留详图 4）牛腿柱配筋错、碰、漏、缺等问题 5）牛腿柱配筋疑难问题及重点部位	（1）方法：讲授法、案例教学法 （2）重点：牛腿柱模板图、配筋图、预埋件及预留详图 （3）难点：牛腿柱配筋错、碰、漏、缺等问题；牛腿柱配筋疑难问题及重点部位	2

续表

模块	课程	学习单元	课程内容	培训建议	课堂学时
1. 施工准备	1-1 识读图纸	（4）预应力屋架结构施工图	1）预应力屋架受力特征和配筋构造 2）预应力屋架预埋管线、孔洞及构配件 3）预应力屋架模板图、配筋图、预埋件及预留详图 4）预应力屋架配筋错、碰、漏、缺等问题 5）预应力屋架配筋疑难问题及重点部位	（1）方法：讲授法、案例教学法 （2）重点：预应力屋架模板图、配筋图、预埋件及预留详图 （3）难点：预应力屋架配筋错、碰、漏、缺等问题；预应力屋架配筋疑难问题及重点部位	2
		（5）预应力箱梁结构施工图	1）预应力箱梁受力特征和配筋构造 2）预应力箱梁预埋管线、孔洞及构配件 3）预应力箱梁模板图、配筋图、预埋件及预留详图 4）预应力箱梁配筋错、碰、漏、缺等问题 5）预应力箱梁配筋疑难问题及重点部位	（1）方法：讲授法、案例教学法 （2）重点：预应力箱梁模板图、配筋图、预埋件及预留详图 （3）难点：预应力箱梁配筋错、碰、漏、缺等问题；预应力箱梁配筋疑难问题及重点部位	2
		（6）组合结构施工图	1）组合结构受力特征和配筋构造 2）组合结构预埋管线、孔洞及构配件 3）组合结构模板图、配筋图、预埋件及预留详图 4）组合结构配筋错、碰、漏、缺等问题 5）组合结构配筋疑难问题及重点部位	（1）方法：讲授法、案例教学法 （2）重点：组合结构模板图、配筋图、预埋件及预留详图 （3）难点：组合结构配筋错、碰、漏、缺等问题；组合结构配筋疑难问题及重点部位	2
		（7）烟囱结构施工图	1）烟囱受力特征和配筋构造 2）烟囱预埋管线、孔洞及构配件 3）烟囱模板图、配筋图、预埋件及预留详图 4）烟囱配筋错、碰、漏、缺等问题 5）烟囱配筋疑难问题及重点部位	（1）方法：讲授法、案例教学法 （2）重点：烟囱模板图、配筋图、预埋件及预留详图 （3）难点：烟囱配筋错、碰、漏、缺等问题；烟囱配筋疑难问题及重点部位	2

续表

模块	课程	学习单元	课程内容	培训建议	课堂学时
1. 施工准备	1–1 识读图纸	（8）其他复杂部位结构施工图	1）其他复杂部位受力特征和配筋构造 2）其他复杂部位预埋管线、孔洞及构配件 3）其他复杂部位模板图、配筋图、预埋件及预留详图 4）其他复杂部位配筋错、碰、漏、缺等问题 5）其他复杂部位配筋疑难问题及重点部位	（1）方法：讲授法、案例教学法 （2）重点：其他复杂部位模板图、配筋图、预埋件及预留详图 （3）难点：其他复杂部位配筋错、碰、漏、缺等问题；其他复杂部位配筋疑难问题及重点部位	2
		（9）筒体结构施工图	1）筒体结构受力特征和配筋构造 2）筒体结构预埋管线、孔洞及构配件 3）筒体结构模板图、配筋图、预埋件及预留详图	（1）方法：讲授法、案例教学法 （2）重点：筒体结构受力特征和配筋构造 （3）难点：筒体结构模板图、配筋图、预埋件及预留详图	2
		（10）束筒结构施工图	1）束筒结构受力特征和配筋构造 2）束筒结构预埋管线、孔洞及构配件 3）束筒结构模板图、配筋图、预埋件及预留详图	（1）方法：讲授法、案例教学法 （2）重点：束筒结构受力特征和配筋构造 （3）难点：束筒结构模板图、配筋图、预埋件及预留详图	2
		（11）框剪结构施工图	1）框剪结构受力特征和配筋构造 2）框剪结构预埋管线、孔洞及构配件 3）框剪结构模板图、配筋图、预埋件及预留详图	（1）方法：讲授法、案例教学法 （2）重点：框剪结构受力特征和配筋构造 （3）难点：框剪结构模板图、配筋图、预埋件及预留详图	2
		（12）壳体结构施工图	1）壳体结构受力特征和配筋构造 2）壳体结构预埋管线、孔洞及构配件 3）壳体结构模板图、配筋图、预埋件及预留详图	（1）方法：讲授法、案例教学法 （2）重点：壳体结构受力特征和配筋构造 （3）难点：壳体结构模板图、配筋图、预埋件及预留详图	2

续表

模块	课程	学习单元	课程内容	培训建议	课堂学时
1. 施工准备	1-1 识读图纸	(13) 装配式结构施工图	1) 装配式结构受力特征和配筋构造 2) 装配式结构预埋管线、孔洞及构配件 3) 装配式结构模板图、配筋图、预埋件及预留详图	(1) 方法：讲授法、案例教学法 (2) 重点：装配式结构受力特征和配筋构造 (3) 难点：装配式结构模板图、配筋图、预埋件及预留详图	2
	1-2 编制方案	(1) 钢筋工程施工方案	1) 施工方案的组成 2) 施工方案的编制方法 3) 常见钢筋工程施工方案案例	(1) 方法：讲授法、案例教学法 (2) 重点与难点：施工方案的编制方法	2
		(2) 钢筋工程专项施工方案	1) 钢筋工程专项施工方案的组成 2) 钢筋工程专项施工方案的编制方法 3) 常见钢筋工程专项施工方案案例	(1) 方法：讲授法、案例教学法 (2) 重点与难点：钢筋工程专项施工方案的编制方法	2
		(3) 质量、安全技术交底	1) 质量、安全技术交底内容 2) 质量、安全技术交底编制方法 3) 质量、安全技术交底案例	(1) 方法：讲授法、案例教学法 (2) 重点与难点：质量、安全技术交底内容	2
		(4) 班组作业进度计划	1) 工程施工组织方式与流水施工 2) 班组作业进度计划内容及编制方法 3) 班组作业进度计划案例	(1) 方法：讲授法、案例教学法 (2) 重点：班组作业进度计划内容及编制方法 (3) 难点：工程施工组织方式与流水施工	2
		(5) 班组作业材料计划	1) 施工定额 2) 人工定额、材料消耗定额和机械定额 3) 班组作业材料计划内容及编制方法 4) 班组作业材料计划案例	(1) 方法：讲授法、案例教学法 (2) 重点：班组作业材料计划内容及编制方法 (3) 难点：人工定额、材料消耗定额和机械定额	2

续表

模块	课程	学习单元	课程内容	培训建议	课堂学时
1. 施工准备	1-2　编制方案	（6）班组作业质量控制方案	1）质量管理目标、原则与控制方法	（1）方法：讲授法、案例教学法 （2）重点：班组作业质量控制方案内容及编制方法 （3）难点：质量管理目标、原则与控制方法	2
			2）班组作业质量控制方案内容及编制方法		
			3）班组作业质量控制方案案例		
		（7）一般预应力施工方案	1）一般预应力钢筋加工制作方案编制	（1）方法：讲授法、案例教学法 （2）重点与难点：一般预应力施工工艺方案编制	2
			2）一般预应力施工工艺方案编制		
			3）一般预应力施工质量控制方案		
			4）一般预应力施工方案案例		
	1-3　编制配料单	（1）箱型基础钢筋配料单	1）箱型基础配筋特点	（1）方法：讲授法、案例教学法 （2）重点与难点：箱型基础钢筋翻样	2
			2）箱型基础构造特点		
			3）箱型基础钢筋翻样		
			4）箱型基础钢筋配料单案例		
		（2）设备基础钢筋配料单	1）设备基础配筋特点	（1）方法：讲授法、案例教学法 （2）重点与难点：设备基础钢筋翻样	1
			2）设备基础构造特点		
			3）设备基础钢筋翻样		
			4）设备基础钢筋配料单案例		
		（3）牛腿柱钢筋配料单	1）牛腿柱配筋特点	（1）方法：讲授法、案例教学法 （2）重点与难点：牛腿柱钢筋翻样	1
			2）牛腿柱构造特点		
			3）牛腿柱钢筋翻样		
			4）牛腿柱钢筋配料单案例		

续表

模块	课程	学习单元	课程内容	培训建议	课堂学时
1. 施工准备	1-3 编制配料单	（4）预应力屋架钢筋配料单	1）预应力屋架配筋特点 2）预应力屋架构造特点 3）预应力屋架钢筋翻样 4）预应力屋架钢筋配料单案例	（1）方法：讲授法、案例教学法 （2）重点与难点：预应力屋架钢筋翻样	1
		（5）预应力箱梁钢筋配料单	1）预应力箱梁配筋特点 2）预应力箱梁构造特点 3）预应力箱梁钢筋翻样 4）预应力箱梁钢筋配料单案例	（1）方法：讲授法、案例教学法 （2）重点与难点：预应力箱梁钢筋翻样	1
		（6）组合结构钢筋配料单	1）组合结构配筋特点 2）组合结构构造特点 3）组合结构钢筋翻样 4）组合结构钢筋配料单案例	（1）方法：讲授法、案例教学法 （2）重点与难点：组合结构钢筋翻样	1
		（7）其他复杂构件钢筋配料单	1）其他复杂构件配筋特点 2）其他复杂构件构造特点 3）其他复杂构件钢筋翻样 4）其他复杂构件钢筋配料单案例	（1）方法：讲授法、案例教学法 （2）重点与难点：其他复杂构件钢筋翻样	1
		（8）烟囱钢筋配料单	1）烟囱配筋特点 2）烟囱构造特点 3）烟囱钢筋翻样 4）烟囱钢筋配料单案例	（1）方法：讲授法、案例教学法 （2）重点与难点：烟囱钢筋翻样	1

续表

模块	课程	学习单元	课程内容	培训建议	课堂学时
1. 施工准备	1–3 编制配料单	(9) 水塔钢筋配料单	1）水塔配筋特点 2）水塔构造特点 3）水塔钢筋翻样 4）水塔钢筋配料单案例	(1) 方法：讲授法、案例教学法 (2) 重点与难点：水塔钢筋翻样	1
		(10) 利用计算机技术翻样和编制配料单	1）利用计算机技术翻样辅助软件 2）利用计算机技术编制配料单辅助软件 3）利用计算机技术翻样案例 4）利用计算机技术编制配料单案例	(1) 方法：讲授法、案例教学法 (2) 重点与难点：利用计算机技术编制配料单案例	2
		(11) 预应力筋及附件配料单	1）预应力筋翻样 2）预应力筋附件钢筋翻样 3）预应力筋及附件配料单案例	(1) 方法：讲授法、案例教学法 (2) 重点与难点：预应力筋翻样	2
2. 钢筋作业	2–1 钢筋连接	(1) 大型预制构件连接	1）大型预制构件连接工艺与要求 2）大型预制构件连接案例	(1) 方法：讲授法、案例教学法 (2) 重点与难点：大型预制构件连接工艺与要求	2
		(2) 套筒灌浆连接	1）套筒灌浆连接工艺与要求 2）套筒灌浆连接案例	(1) 方法：讲授法、案例教学法 (2) 重点与难点：套筒灌浆连接工艺与要求	2
		(3) 滚轧直螺纹连接	1）滚轧直螺纹连接工艺与要求 2）滚轧直螺纹连接案例	(1) 方法：讲授法、案例教学法 (2) 重点与难点：滚轧直螺纹连接工艺与要求	2
		(4) 熔融金属充填接头连接	1）熔融金属充填接头连接工艺与要求 2）熔融金属充填接头连接案例	(1) 方法：讲授法、案例教学法 (2) 重点与难点：熔融金属充填接头连接工艺与要求	1

续表

模块	课程	学习单元	课程内容	培训建议	课堂学时
2. 钢筋作业	2-1 钢筋连接	(5)新型连接技术	1)新型连接技术工艺与要求	(1)方法:讲授法、案例教学法 (2)重点与难点:新型连接技术工艺与要求	1
			2)新型连接技术案例		
	2-2 钢筋安装	(1)复杂结构、构件的钢筋安装	1)钢筋安装工种的配合作业要求	(1)方法:讲授法、案例教学法 (2)重点与难点:箱型基础钢筋安装、设备基础钢筋安装、牛腿柱钢筋安装、预应力屋架钢筋安装、预应力箱梁钢筋安装、组合结构钢筋安装	6
			2)箱型基础钢筋安装		
			3)设备基础钢筋安装		
			4)牛腿柱钢筋安装		
			5)预应力屋架钢筋安装		
			6)预应力箱梁钢筋安装		
			7)组合结构钢筋安装		
			8)其他复杂结构、构件钢筋安装		
		(2)特殊构筑物的钢筋安装	1)烟囱钢筋安装	(1)方法:讲授法、案例教学法 (2)重点与难点:烟囱钢筋安装、水塔钢筋安装	4
			2)水塔钢筋安装		
			3)其他特殊构筑物的钢筋安装		
		(3)电热张拉法施工	1)电热张拉法施工工艺	(1)方法:讲授法、案例教学法 (2)重点与难点:电热张拉法施工工艺	2
			2)电热张拉法施工安全注意事项		
			3)电热张拉法施工案例		
		(4)非常规预应力筋配料与安装	1)竖向预应力筋配料	(1)方法:讲授法、案例教学法 (2)重点与难点:竖向预应力筋配料、竖向预应力筋安装、环形预应力筋配料、环形预应力筋安装	4
			2)竖向预应力筋安装		
			3)环形预应力筋配料		
			4)环形预应力筋安装		
			5)其他非常规预应力筋配料与安装		

续表

模块	课程	学习单元	课程内容	培训建议	课堂学时
3．施工检查	3-1 质量检查	（1）钢筋质量检查	1）质量“三检制”的工作方法与步骤	（1）方法：讲授法、案例教学法 （2）重点：质量“三检制”的工作方法与步骤 （3）难点：钢筋施工交接检查、钢筋安装隐蔽验收	2
			2）钢筋施工交接检查 ①内容 ②方法 ③步骤		
			3）钢筋安装隐蔽验收 ①内容 ②方法 ③步骤		
		（2）钢筋安装质量跟踪检查	1）复杂结构钢筋安装质量跟踪检查 ①内容 ②方法 ③步骤	（1）方法：讲授法、案例教学法 （2）重点与难点：复杂结构钢筋安装质量跟踪检查	4
			2）复杂构件钢筋安装质量跟踪检查 ①内容 ②方法 ③步骤		
			3）复杂部位钢筋安装质量跟踪检查 ①内容 ②方法 ③步骤		
		（3）安装质量问题处理结果的复核和监督检查	1）钢筋安装质量问题处理结果的复核 ①内容 ②方法 ③步骤	（1）方法：讲授法、案例教学法 （2）重点与难点：钢筋安装质量问题处理结果的复核	2
			2）钢筋安装质量问题处理结果的监督检查 ①内容 ②方法 ③步骤		

续表

<table>
<tr><th>模块</th><th>课程</th><th>学习单元</th><th>课程内容</th><th>培训建议</th><th>课堂学时</th></tr>
<tr><td rowspan="6">3. 施工检查</td><td rowspan="6">3-2 问题处理</td><td rowspan="3">(1) 普通钢筋施工中安装质量问题处理</td><td>1) 普通钢筋施工中安装质量问题处理程序</td><td rowspan="3">(1) 方法：讲授法、案例教学法
(2) 重点与难点：普通钢筋施工中常见安装质量问题及处理</td><td rowspan="3">2</td></tr>
<tr><td>2) 普通钢筋施工中安装质量检验项目及要求</td></tr>
<tr><td>3) 普通钢筋施工中常见安装质量问题及处理</td></tr>
<tr><td rowspan="3">(2) 预应力施工质量缺陷处理</td><td>1) 预应力施工常见质量缺陷</td><td rowspan="3">(1) 方法：讲授法、案例教学法
(2) 重点与难点：预应力施工质量缺陷的预防及处理方法</td><td rowspan="3">2</td></tr>
<tr><td>2) 预应力施工质量缺陷的产生原因及检查方法</td></tr>
<tr><td>3) 预应力施工质量缺陷的预防及处理方法</td></tr>
<tr><td rowspan="12">4. 指导施工</td><td rowspan="5">4-1 组织施工</td><td rowspan="3">(1) 难点、重点、控制点施工的指导</td><td>1) 钢筋施工难点及操作要领</td><td rowspan="3">(1) 方法：讲授法、案例教学法
(2) 重点与难点：钢筋施工难点及操作要领、钢筋施工重点及操作要领、钢筋施工控制点及操作要领</td><td rowspan="3">2</td></tr>
<tr><td>2) 钢筋施工重点及操作要领</td></tr>
<tr><td>3) 钢筋施工控制点及操作要领</td></tr>
<tr><td rowspan="2">(2)“四新技术”的应用</td><td>1)“四新技术”及适用条件</td><td rowspan="2">(1) 方法：讲授法、案例教学法
(2) 重点与难点：“四新技术”的操作工艺</td><td rowspan="2">4</td></tr>
<tr><td>2)“四新技术”的操作工艺</td></tr>
<tr><td rowspan="7">4-2 技术培训</td><td rowspan="3">(1) 编写五级 / 初级工、四级 / 中级工培训资料</td><td>1) 钢筋工培训要求</td><td rowspan="3">(1) 方法：讲授法、案例教学法
(2) 重点与难点：五级 / 初级工培训的工作内容和技能要求，四级 / 中级工培训的工作内容和技能要求</td><td rowspan="3">2</td></tr>
<tr><td>2) 五级 / 初级工培训的工作内容和技能要求</td></tr>
<tr><td>3) 四级 / 中级工培训的工作内容和技能要求</td></tr>
<tr><td rowspan="4">(2) 五级 / 初级工、四级 / 中级工培训</td><td>1) 培训教案的编制</td><td rowspan="4">(1) 方法：讲授法、案例教学法
(2) 重点与难点：培训教学方法</td><td rowspan="4">2</td></tr>
<tr><td>2) 培训教学方法</td></tr>
<tr><td>3) 培训环节与注意事项</td></tr>
<tr><td>4) 培训教学案例</td></tr>
</table>

2.2.5 二级 / 技师职业技能培训课程规范

模块	课程	学习单元	课程内容	培训建议	课堂学时
1. 施工管理	1-1 核对图纸	（1）异形结构配筋施工图	1）异形结构典型施工技术	（1）方法：讲授法、案例教学法 （2）重点与难点：异形结构配筋施工图核对	4
			2）异形结构配筋施工图识读		
			3）异形结构配筋施工图核对		
		（2）空间结构配筋施工图	1）空间结构典型施工技术	（1）方法：讲授法、演示法、案例教学法 （2）重点与难点：空间结构配筋施工图核对	4
			2）空间结构配筋施工图识读		
			3）空间结构配筋施工图核对		
		（3）异形结构图纸合理化建议	1）异形结构钢筋选型	（1）方法：讲授法、案例教学法 （2）重点与难点：异形结构常用合理化建议	6
			2）异形结构配筋方式		
			3）异型结构构造做法		
			4）异形结构常用合理化建议		
		（4）空间结构图纸合理化建议	1）空间结构钢筋选型	（1）方法：讲授法、实训法、案例教学法 （2）重点与难点：空间结构常用合理化建议	6
			2）空间结构配筋方式		
			3）空间结构构造做法		
			4）空间结构常用合理化建议		

续表

模块	课程	学习单元	课程内容	培训建议	课堂学时
1. 施工管理	1-1　核对图纸	(5) 异形结构建筑、结构、安装图纸综合识读	1）异形结构建筑施工图识读	(1) 方法：讲授法、实训法、案例教学法 (2) 重点与难点：异形结构图纸综合识读	4
			2）异形结构结构施工图识读		
			3）异形结构安装施工图识读		
			4）异形结构图纸综合识读		
		(6) 空间结构建筑、结构、安装图纸综合识读	1）空间结构建筑施工图识读	(1) 方法：讲授法、实训法、案例教学法 (2) 重点与难点：空间结构图纸综合识读	4
			2）空间结构结构施工图识读		
			3）空间结构安装施工图识读		
			4）空间结构图纸综合识读		
	1-2　编制方案	(1) 异形结构钢筋工程施工方案	1）网络计划	(1) 方法：讲授法、实训法、案例教学法 (2) 重点与难点：异形结构钢筋工程施工方案主要内容和编制方法	6
			2）异形结构钢筋工程施工方案主要内容和编制方法		
			3）异形结构钢筋工程施工方案案例		
		(2) 空间结构钢筋工程施工方案	1）空间结构钢筋工程施工方案主要内容和编制方法	(1) 方法：讲授法、演示法、实训法、案例教学法 (2) 重点与难点：空间结构钢筋工程施工方案主要内容和编制方法	2
			2）空间结构钢筋工程施工方案案例		
		(3) 双向曲线预应力施工方案	1）双向曲线预应力施工工艺流程 ①先张法 ②后张法	(1) 方法：讲授法、演示法、实训法、案例教学法 (2) 重点与难点：双向曲线预应力施工方案内容和编制方法	6
			2）双向曲线预应力施工方案内容和编制方法		
			3）双向曲线预应力施工方案案例		

续表

模块	课程	学习单元	课程内容	培训建议	课堂学时
1. 施工管理	1-2 编制方案	（4）整体预应力施工方案	1）整体预应力施工工艺流程	（1）方法：讲授法、演示法、实训法、案例教学法 （2）重点与难点：整体预应力施工方案内容和编制方法	4
			2）整体预应力施工方案内容和编制方法		
			3）整体预应力施工方案案例		
		（5）钢筋工程成本的核算	1）钢筋工程成本核算的内容	（1）方法：讲授法、案例教学法 （2）重点与难点：钢筋工程成本核算方法	2
			2）钢筋工程成本核算方法		
			3）钢筋工程成本核算案例		
	1-3 质量、安全管理	（1）异形结构钢筋工程质量控制	1）钢筋工程质量管理要求	（1）方法：讲授法、案例教学法 （2）重点与难点：异形结构钢筋工程质量管理内容；异形结构钢筋工程质量控制措施	4
			2）异形结构钢筋工程质量管理内容		
			3）异形结构钢筋工程质量控制措施		
		（2）空间结构钢筋工程质量控制	1）空间结构钢筋工程质量管理内容	（1）方法：讲授法、案例教学法 （2）重点与难点：空间结构钢筋工程质量管理内容；空间结构钢筋工程质量控制措施	4
			2）空间结构钢筋工程质量控制措施		
		（3）一般预应力施工的质量措施	1）一般预应力施工的质量管理内容	（1）方法：讲授法、案例教学法 （2）重点与难点：一般预应力施工的质量管理内容；一般预应力施工的质量控制措施	4
			2）一般预应力施工的质量控制措施		

续表

模块	课程	学习单元	课程内容	培训建议	课堂学时
1. 施工管理	1-3 质量、安全管理	（4）一般预应力施工的安全措施	1）钢筋工程安全生产管理要求	（1）方法：讲授法、案例教学法 （2）重点与难点：一般预应力施工的安全管理内容；一般预应力施工的安全控制措施	4
			2）钢筋工程文明施工管理要求		
			3）一般预应力施工的安全管理内容		
			4）一般预应力施工的安全控制措施		
		（5）特殊钢筋工程质量控制点及预控措施	1）特殊钢筋工程质量控制点的设置	（1）方法：讲授法、演示法、案例教学法 （2）重点与难点：特殊钢筋工程质量控制点的设置；特殊钢筋工程施工的质量预控措施	4
			2）特殊钢筋工程质量控制点等级划分		
			3）特殊钢筋工程施工的质量预控措施		
		（6）特殊钢筋工程安全控制点及预控措施	1）特殊钢筋工程安全控制点基本要求	（1）方法：讲授法、演示法、案例教学法 （2）重点与难点：特殊钢筋工程施工的安全预控措施	2
			2）特殊钢筋工程施工的安全预控措施		
2. 指导施工	2-1 组织施工	（1）壳体结构	1）壳体结构受力特点	（1）方法：讲授法、演示法、实训法、案例教学法 （2）重点与难点：壳体结构钢筋翻样流程；壳体结构钢筋安装指导	6
			2）壳体结构钢筋翻样流程		
			3）壳体结构钢筋现场翻样		
			4）壳体结构钢筋配料单的编制		
			5）壳体结构钢筋安装指导		

续表

<table>
<tr><th>模块</th><th>课程</th><th>学习单元</th><th>课程内容</th><th>培训建议</th><th>课堂学时</th></tr>
<tr><td rowspan="15">2. 指导施工</td><td rowspan="11">2-1　组织施工</td><td rowspan="5">（2）异形池体</td><td>1）异形池体受力特点</td><td rowspan="5">（1）方法：讲授法、演示法、实训法、案例教学法
（2）重点与难点：异形池体钢筋翻样流程；异形池体钢筋安装指导</td><td rowspan="5">6</td></tr>
<tr><td>2）异形池体钢筋翻样流程</td></tr>
<tr><td>3）异形池体钢筋现场翻样</td></tr>
<tr><td>4）异形池体钢筋配料单的编制</td></tr>
<tr><td>5）异形池体钢筋安装指导</td></tr>
<tr><td rowspan="3">（3）双曲线冷却塔</td><td>1）双曲线冷却塔预应力筋的施工工艺流程</td><td rowspan="3">（1）方法：讲授法、演示法、案例教学法
（2）重点与难点：双曲线冷却塔预应力筋的布置、张拉顺序</td><td rowspan="3">6</td></tr>
<tr><td>2）双曲线冷却塔预应力筋的配料</td></tr>
<tr><td>3）双曲线冷却塔预应力筋的布置、张拉顺序</td></tr>
<tr><td rowspan="3">（4）特殊预应力结构</td><td>1）特殊预应力结构预应力筋的施工工艺流程</td><td rowspan="3">（1）方法：讲授法、演示法、实训法、案例教学法
（2）重点与难点：特殊预应力结构预应力筋的布置、张拉顺序</td><td rowspan="3">6</td></tr>
<tr><td>2）特殊预应力结构预应力筋的配料</td></tr>
<tr><td>3）特殊预应力结构预应力筋的布置、张拉顺序</td></tr>
<tr><td rowspan="4">2-2　技术处理</td><td rowspan="2">（1）钢筋混凝土构件钢筋大样图的审查</td><td>1）钢筋大样图常见问题</td><td rowspan="2">（1）方法：讲授法、案例教学法
（2）重点与难点：钢筋大样图常见问题的处理方法</td><td rowspan="2">2</td></tr>
<tr><td>2）钢筋大样图常见问题的处理方法</td></tr>
<tr><td rowspan="2">（2）钢筋混凝土构件钢筋配料单的审查</td><td>1）钢筋配料单常见问题</td><td rowspan="2">（1）方法：讲授法、案例教学法
（2）重点与难点：钢筋配料单常见问题的处理方法</td><td rowspan="2">2</td></tr>
<tr><td>2）钢筋配料单常见问题的处理方法</td></tr>
</table>

续表

模块	课程	学习单元	课程内容	培训建议	课堂学时
2. 指导施工	2-2 技术处理	（3）钢筋施工疑难问题的处理	1）钢筋施工疑难问题	（1）方法：讲授法、演示法、实训法、案例教学法 （2）重点与难点：钢筋施工疑难问题的处理程序	6
			2）钢筋施工疑难问题的分析方法		
			3）钢筋施工疑难问题的防治措施		
			4）钢筋施工疑难问题的处理程序		
			5）结构实体检测方案的制定		
			6）检测结果的判定、验证及修正		
3. 培训创新	3-1 技术培训	（1）编制钢筋工培训计划	1）钢筋工培训要求 ①五级/初级工培训要求 ②四级/中级工培训要求 ③三级/高级工培训要求	（1）方法：讲授法、案例教学法 （2）重点与难点：钢筋工培训计划的编制	2
			2）钢筋工培训计划的编制 ①五级/初级工培训计划的编制 ②四级/中级工培训计划的编制 ③三级/高级工培训计划的编制		
		（2）五级/初级工培训	1）五级/初级工培训方法	（1）方法：讲授法、案例教学法 （2）重点与难点：五级/初级工培训方法	2
			2）五级/初级工教法演示		
			3）五级/初级工培训案例		

续表

模块	课程	学习单元	课程内容	培训建议	课堂学时
3. 培训创新	3-1 技术培训	（3）四级 / 中级工培训	1）四级 / 中级工培训方法 2）四级 / 中级工教法演示 3）四级 / 中级工培训案例	（1）方法：讲授法、案例教学法 （2）重点与难点：四级 / 中级工培训方法	2
		（4）三级 / 高级工培训	1）三级 / 高级工培训方法 2）三级 / 高级工教法演示 3）三级 / 高级工培训案例	（1）方法：讲授法、案例教学法 （2）重点与难点：三级 / 高级工培训方法	2
	3-2 改造创新	（1）施工总结	1）施工总结的编制 2）典型施工总结教学案例	（1）方法：讲授法、案例教学法 （2）重点与难点：施工总结的编制	2
		（2）新技术、新工艺、新材料、新设备推广应用实施方案	1）新技术、新工艺、新材料、新设备推广应用实施方案的基本结构 2）新技术、新工艺、新材料、新设备推广应用实施方案的编写方法 3）新技术、新工艺、新材料、新设备推广应用实施方案案例	（1）方法：讲授法、演示法、实训法、案例教学法 （2）重点与难点：新技术、新工艺、新材料、新设备推广应用实施方案的编写方法	2
		（3）工艺改造	1）工艺改造的要求 2）工艺改造案例	（1）方法：讲授法、演示法、实训法、案例教学法 （2）重点与难点：工艺改造的要求	2

续表

模块	课程	学习单元	课程内容	培训建议	课堂学时
3. 培训创新	3-2　改造创新	（4）操作规程及工法编写	1）操作规程与工法的编写要求	（1）方法：讲授法、案例教学法 （2）重点与难点：操作规程与工法的编写方法	2
			2）操作规程与工法的编写内容		
			3）操作规程与工法的编写方法		
			4）操作规程与工法的编写案例		

2.2.6　一级 / 高级技师职业技能培训课程规范

模块	课程	学习单元	课程内容	培训建议	课堂学时
1. 施工管理	1-1　核对图纸	（1）体外预应力工程施工图	1）体外预应力基础知识	（1）方法：讲授法、案例教学法 （2）重点与难点：各种预应力施工工艺原理、特点及适用条件	4
			2）体外预应力施工工艺原理、特点及适用条件		
			3）体外预应力施工图识读		
			4）体外预应力施工图核对		
		（2）隧道工程施工图	1）隧道工程施工规范	（1）方法：讲授法、案例教学法 （2）重点与难点：隧道工程施工规范及施工图核对	4
			2）隧道工程施工工艺原理、特点及适用条件		
			3）隧道工程施工图识读		
			4）隧道工程施工图核对		

续表

模块	课程	学习单元	课程内容	培训建议	课堂学时
1. 施工管理	1-1 核对图纸	（3）桥梁工程施工图	1）桥梁工程施工规范	（1）方法：讲授法、案例教学法 （2）重点与难点：桥梁工程施工规范及施工图核对	4
			2）桥梁工程施工工艺原理、特点及适用条件		
			3）桥梁工程施工图识读		
			4）桥梁工程施工图核对		
		（4）坑矿工程施工图	1）坑矿工程施工规范	（1）方法：讲授法、案例教学法 （2）重点与难点：坑矿工程施工规范及施工图核对	4
			2）坑矿工程施工工艺原理、特点及适用条件		
			3）坑矿工程施工图识读		
			4）坑矿工程施工图核对		
		（5）预应力工程复杂部位实施方案修改	1）预应力工程复杂部位图纸核对	（1）方法：讲授法、案例教学法 （2）重点与难点：预应力工程复杂部位实施方案修改	2
			2）预应力工程复杂部位实施方案修改		
		（6）建筑信息模型（BIM）技术应用	1）建筑信息模型技术概论 ①BIM 技术的发展 ②BIM 技术的应用	（1）方法：讲授法、案例教学法、实训法 （2）重点与难点：建筑、结构、安装碰撞检查，冲突解决方案	16
			2）Revit[1]软件建模		
			3）Navisworks[2]软件应用		
			4）建筑、结构、安装碰撞检查，冲突解决方案		

① Revit 是 Autodesk 公司一套系列软件的名称。
② Navisworks 是 Autodesk 公司一种软件的名称。

续表

模块	课程	学习单元	课程内容	培训建议	课堂学时
1. 施工管理	1–2　编制方案	（1）预应力工程专项施工方案	1）预应力工程专项施工方案编写要点	（1）方法：讲授法、案例教学法 （2）重点与难点：预应力工程专项施工方案编写	4
			2）预应力工程专项施工方案编写		
			3）预应力工程专项施工方案比选、优化		
		（2）隧道钢筋工程专项施工方案	1）隧道钢筋工程专项施工方案编写要点	（1）方法：讲授法、案例教学法 （2）重点与难点：隧道钢筋工程专项施工方案编写	2
			2）隧道钢筋工程专项施工方案编写		
			3）隧道钢筋工程专项施工方案比选、优化		
		（3）桥梁钢筋工程专项施工方案	1）桥梁钢筋工程专项施工方案编写要点	（1）方法：讲授法、案例教学法 （2）重点与难点：桥梁钢筋工程专项施工方案编写	2
			2）桥梁钢筋工程专项施工方案编写		
			3）桥梁钢筋工程专项施工方案比选、优化		
		（4）坑矿钢筋工程专项施工方案	1）坑矿钢筋工程专项施工方案编写要点	（1）方法：讲授法、案例教学法 （2）重点与难点：坑矿钢筋工程专项施工方案编写	2
			2）坑矿钢筋工程专项施工方案编写		
			3）坑矿钢筋工程专项施工方案比选、优化		
		（5）钢筋工程工艺技术改造方案	1）钢筋工程工艺技术改造方案编写要点	（1）方法：讲授法、案例教学法 （2）重点与难点：钢筋工程工艺技术改造方案编写	2
			2）钢筋工程工艺技术改造方案编写		
			3）钢筋工程工艺技术改造案例		

续表

模块	课程	学习单元	课程内容	培训建议	课堂学时
1. 施工管理	1–2　编制方案	（6）钢筋工程设备技术改造方案	1）钢筋工程设备技术改造方案编写要点	（1）方法：讲授法、案例教学法 （2）重点与难点：钢筋工程设备技术改造方案编写	2
			2）钢筋工程设备技术改造方案编写		
			3）钢筋工程设备技术改造案例		
2. 指导施工	2–1　组织施工	（1）计算机辅助系统	1）钢筋翻模软件	（1）方法：讲授法、案例教学法、实训法 （2）重点与难点：计算机辅助设计软件操作及应用	6
			2）计算机辅助设计软件操作及应用		
			3）辅助设备		
		（2）钢筋定位安装及施工指导	1）智能技术设备操作	（1）方法：讲授法、案例教学法、实训法 （2）重点与难点：智能技术设备操作	6
			2）智能机器人操作		
		（3）隧道钢筋工程施工指导	1）隧道钢筋工程配筋精确翻样	（1）方法：讲授法、案例教学法 （2）重点与难点：隧道钢筋工程施工指导要点	2
			2）钢筋精确定位安装		
			3）隧道钢筋工程施工指导要点		
		（4）桥梁钢筋工程施工指导	1）桥梁钢筋工程配筋精确翻样	（1）方法：讲授法、案例教学法 （2）重点与难点：桥梁钢筋工程施工指导要点	2
			2）钢筋精确定位安装		
			3）桥梁钢筋工程施工指导要点		
		（5）坑矿钢筋工程施工指导	1）坑矿钢筋工程配筋精确翻样	（1）方法：讲授法、案例教学法 （2）重点与难点：坑矿钢筋工程施工指导要点	2
			2）钢筋精确定位安装		
			3）坑矿钢筋工程施工指导要点		

续表

模块	课程	学习单元	课程内容	培训建议	课堂学时
2. 指导施工	2-1 组织施工	(6) 复杂预应力工程张拉控制及调整	1) 预应力筋及构件的应力应变状态控制	(1) 方法: 讲授法、案例教学法 (2) 重点与难点: 复杂预应力工程张拉控制及调整	2
			2) 复杂预应力工程张拉控制及调整		
			3) 预应力施工指导要点		
		(7) 复杂预应力工程施工指导	1) 施工难点及要点	(1) 方法: 讲授法、案例教学法 (2) 重点与难点: 复杂预应力工程的施工要点	2
			2) 指导方案编写		
	2-2 技术处理	(1) 技术改造与创新	1) 技术改造的管理与方法	(1) 方法: 讲授法、案例教学法 (2) 重点与难点: 技术改造、创新的管理与方法	2
			2) 技术创新的管理与方法		
			3) 常见技术难题及解决方法		
		(2) 钢筋工程应急预案	1) 钢筋工程应急预案编写要求及方法	(1) 方法: 讲授法、案例教学法 (2) 重点与难点: 钢筋工程应急预案编写	2
			2) 钢筋工程应急预案编写		
			3) 钢筋工程应急预案案例		
		(3) 结构实体检测知识	1) 结构实体检测技术知识	(1) 方法: 讲授法、案例教学法 (2) 重点与难点: 结构实体检测技术应用	2
			2) 结构实体检测技术应用		
			3) 施工疑难问题案例分析		
3. 培训创新	3-1 技术培训	(1) 建筑行业先进技术应用	1) 钢筋混凝土结构发展动态	(1) 方法: 讲授法、案例教学法 (2) 重点与难点: 钢筋混凝土结构发展趋势	4
			2) 钢筋混凝土结构发展趋势		

续表

模块	课程	学习单元	课程内容	培训建议	课堂学时
3. 培训创新	3-1　技术培训	（2）信息管理技术应用	信息管理技术应用 ①信息技术概述 ②软件、APP[①]应用	（1）方法：讲授法、案例教学法、演示法 （2）重点与难点：信息管理技术应用	4
		（3）钢筋工培训大纲编写	1）钢筋工国家职业技能标准解读	（1）方法：讲授法、案例教学法 （2）重点与难点：钢筋工培训大纲的编写	2
			2）钢筋工培训大纲编写标准		
			3）钢筋工培训大纲的编写		
	3-2　改造创新	（1）钢筋工程技术的改造和创新	1）钢筋工程技术改造计划编写要点	（1）方法：讲授法、案例教学法 （2）重点与难点：钢筋工程技术改造和创新计划编写要点	2
			2）钢筋工程技术创新计划编写要点		
			3）钢筋工程技术创新计划编写案例		
		（2）预应力工程技术的改造和创新	1）预应力工程技术改造计划编写要点	（1）方法：讲授法、案例教学法 （2）重点与难点：预应力工程技术改造和创新计划编写要点	2
			2）预应力工程技术创新计划编写要点		
			3）预应力工程技术创新计划编写案例		
		（3）装配式建筑技术的改造和创新	1）装配式建筑技术改造计划编写要点	（1）方法：讲授法、案例教学法 （2）重点与难点：装配式建筑技术改造和创新计划编写要点	2
			2）装配式建筑技术创新计划编写要点		
			3）装配式建筑技术创新计划编写案例		

① APP：APPlication，应用程序。

续表

模块	课程	学习单元	课程内容	培训建议	课堂学时
3. 培训创新	3–2 改造创新	（4）操作规程审定	1）五级/初级工操作规程审定 ①操作规程编写标准、内容、方法 ②审定要求	（1）方法：讲授法、案例教学法 （2）重点与难点：不同级别操作规程编写标准、内容、方法	4
			2）四级/中级工操作规程审定 ①操作规程编写标准、内容、方法 ②审定要求		
			3）三级/高级工操作规程审定 ①操作规程编写标准、内容、方法 ②审定要求		
		（5）工法审定	1）工法概念	（1）方法：讲授法、案例教学法 （2）重点与难点：工法编写与审定	2
			2）工法编写要求、内容及方法		
			3）工法编写		
			4）工法审定		
		（6）新技术的信息采集和推广应用	1）新技术信息采集	（1）方法：讲授法、案例教学法 （2）重点与难点：新技术推广应用方案审定	2
			2）新技术推广应用方案审定		
		（7）新工艺的信息采集和推广应用	1）新工艺信息采集	（1）方法：讲授法、案例教学法 （2）重点与难点：新工艺推广应用方案审定	2
			2）新工艺推广应用方案审定		
		（8）新材料的信息采集和推广应用	1）新材料信息采集	（1）方法：讲授法、案例教学法 （2）重点与难点：新材料推广应用方案审定	2
			2）新材料推广应用方案审定		

续表

模块	课程	学习单元	课程内容	培训建议	课堂学时
3. 培训创新	3-2　改造创新	（9）新设备的信息采集和推广应用	1）新设备信息采集	（1）方法：讲授法、案例教学法 （2）重点与难点：新设备推广应用方案审定	2
			2）新设备推广应用方案审定		
		（10）创新、改造技术成果转化	1）实用型成果转化的要求	（1）方法：讲授法、案例教学法 （2）重点与难点：实用型成果转化的内容	4
			2）实用型成果转化的内容		
			3）实用型成果转化案例		

2.2.7　培训建议中培训方法说明

（1）讲授法

讲授法是指培训教师主要运用语言讲述，系统地向学员传授知识，传播思想理念。即培训教师通过叙述、描绘、解释、推论来传递信息、传授知识、阐明概念、论证定律和公式，引导学员获取知识，认识和分析问题。

（2）实训（练习）法

实训（练习）法是指培训学员在教师的指导下巩固知识、运用知识、形成技能技巧的方法。通过实际操作的练习，形成操作技能。

（3）演示法

演示法是指在教学过程中，培训教师通过示范操作和讲解使学员获得知识、技能的教学方法。教学中，培训教师对操作内容进行现场演示，边操作边讲解，强调操作的关键步骤和注意事项，使学员边学边做，理论与技能并重，师生互动，提高学员的学习兴趣和学习效率。

（4）案例教学法

案例教学法是指通过对案例进行分析，提出问题，分析问题，并找到解决问题的途径和手段，培养学员分析问题、处理问题的能力。

（5）项目教学法

项目教学法是指以实际应用为目的，将理论知识与实际工作相结合，通过师生共同完成完整的项目工作，使学员获得知识和实践操作能力与解决实际问题能力的教学方法。其实施以小组为学习单位，步骤一般分为确定项目任务、计划、决策、实施、检查和评价 6 个步骤。强调学员在学习过程中的主体地位，以学员为中心，以学员学习为主、教师指导为辅，通过完成教学项目，激发学员的学习积极性，使学员既获得相关理论知识，又掌握实践技能和工作方法，提高学员解决实际问题的综合能力。

（6）观摩法

观摩法是指让学员通过现场观摩、观看视频等形式，学习及获取知识、技能的一种教学方法。

2.3 考核规范

2.3.1 职业基本素质培训考核规范

<table>
<tr><th>考核范围</th><th>考核比重（%）</th><th>考核内容</th><th>考核比重（%）</th><th>考核单元</th></tr>
<tr><td rowspan="4">1. 职业认知与职业道德</td><td rowspan="4">25</td><td rowspan="2">1-1 职业认知</td><td rowspan="2">15</td><td>（1）建筑施工工种简介</td></tr>
<tr><td>（2）钢筋工简介</td></tr>
<tr><td>1-2 职业道德</td><td>5</td><td>职业道德基本规范</td></tr>
<tr><td>1-3 职业守则</td><td>5</td><td>钢筋工职业守则</td></tr>
<tr><td rowspan="11">2. 基础知识</td><td rowspan="11">65</td><td rowspan="3">2-1 认知图纸与建筑结构</td><td rowspan="3">25</td><td>（1）识图和结构构造基础</td></tr>
<tr><td>（2）钢筋混凝土结构图例符号</td></tr>
<tr><td>（3）常规钢筋混凝土结构及构配件的结构施工图</td></tr>
<tr><td rowspan="2">2-2 认知钢筋</td><td rowspan="2">10</td><td>（1）钢筋材料认知</td></tr>
<tr><td>（2）材料验收和保管</td></tr>
<tr><td rowspan="2">2-3 认知钢筋加工机具</td><td rowspan="2">10</td><td>（1）常用钢筋加工机具的安全操作</td></tr>
<tr><td>（2）常用钢筋加工机具的日常维护和保养</td></tr>
<tr><td rowspan="2">2-4 认知安全生产</td><td rowspan="2">10</td><td>（1）职业健康、劳动保护与安全生产</td></tr>
<tr><td>（2）消防、医疗救护基本知识</td></tr>
<tr><td rowspan="2">2-5 认知环境保护</td><td rowspan="2">10</td><td>（1）施工环境保护</td></tr>
<tr><td>（2）钢筋成品、半成品保护</td></tr>
<tr><td rowspan="2">3. 法律、法规</td><td rowspan="2">10</td><td rowspan="2">相关法律、法规知识</td><td rowspan="2">10</td><td>（1）相关法律知识</td></tr>
<tr><td>（2）相关法规知识</td></tr>
</table>

2.3.2 五级 / 初级职业技能培训理论知识考核规范

考核范围	考核比重（%）	考核内容	考核比重（%）	考核单元
1. 施工准备	30	1–1 准备作业现场	15	（1）个人安全防护和安全操作
				（2）作业场地清理和准备
				（3）质量、安全技术交底
				（4）施工现场应急救护
				（5）施工现场消防安全
		1–2 准备材料、机具	15	（1）钢筋主辅料
				（2）钢筋加工机具
				（3）成型骨架码放、搬运
2. 钢筋作业	50	2–1 钢筋加工	10	（1）钢筋外观缺陷检查
				（2）钢筋清污、除锈、调直
				（3）使用钢筋加工机具下料
				（4）使用钢筋成型机具加工钢筋
		2–2 钢筋连接	20	（1）钢筋定位和临时固定
				（2）钢筋搭接连接
		2–3 钢筋安装	20	（1）钢筋绑扎、安装和固定
				（2）钢筋限位件设置
3. 施工检查	20	3–1 质量检查	10	（1）钢筋作业自检
				（2）钢筋成品质量检查
		3–2 调整保护	10	（1）钢筋调整
				（2）钢筋修复

2.3.3 五级 / 初级职业技能培训操作技能考核规范

考核范围	考核比重（%）	考核内容	考核比重（%）	考核形式	重要程度	选考方式	考核时间（分钟）
1. 施工准备	40	1–1 准备作业现场	20	实操或笔试	X	必考	30
		1–2 准备材料、机具	20	实操或笔试	X	必考	

续表

考核范围	考核比重（%）	考核内容	考核比重（%）	考核形式	重要程度	选考方式	考核时间（分钟）
2. 钢筋作业	40	2–1 钢筋加工	15	实操	X	必考	30
		2–2 钢筋连接	10	实操	X	必考	30
		2–3 钢筋安装	15	实操	Y	必考	20
3. 施工检查	20	3–1 质量检查	10	实操或笔试	X	必考	30
		3–2 调整保护	10	实操或笔试	X	必考	

说明：重要程度“X”表示核心要素，是鉴定中最重要、出现频率也最高的内容，具有必备性、典型性的特点。“Y”表示一般要素，是鉴定中一般重要的内容。“Z”表示辅助要素，是鉴定中重要程度较低的内容。下同。

2.3.4 四级 / 中级职业技能培训理论知识考核规范

考核范围	考核比重（%）	考核内容	考核比重（%）	考核单元
1. 施工准备	40	1–1 准备材料、机具	10	（1）钢筋进场验收
				（2）钢筋进场取样
				（3）检测报告识读
				（4）预应力施工设备选用
				（5）钢筋机械连接机具
				（6）钢筋加工机具日常维护
		1–2 识读图纸方案	15	（1）框架结构施工图
				（2）剪力墙结构施工图
				（3）混合结构施工图
				（4）预制构件配筋图
				（5）钢筋工程施工方案
				（6）简支梁布筋放线
				（7）板布筋放线
				（8）构造柱布筋放线
		1–3 编制配料单	15	（1）框架结构构件钢筋翻样及配料单编制
				（2）剪力墙结构构件钢筋翻样及配料单编制
				（3）混合结构构件钢筋翻样及配料单编制
				（4）普通楼梯钢筋翻样及配料单编制
				（5）吊车梁钢筋翻样及配料单编制

续表

考核范围	考核比重（%）	考核内容	考核比重（%）	考核单元
2. 钢筋作业	40	2–1　钢筋加工	15	（1）使用数控加工设备进行钢筋加工、成型
				（2）预应力筋下料
				（3）预应力筋辅料加工
		2–2　钢筋连接	10	（1）钢筋连接基础知识
				（2）机械连接
				（3）预制梁与预制柱的钢筋连接拼装
				（4）预制梁与预制板的钢筋连接拼装
				（5）预制柱构件的钢筋连接拼装
				（6）预制剪力墙之间的钢筋连接拼装
		2–3　钢筋安装	15	（1）弧形梁钢筋安装
				（2）弯折部位钢筋安装
				（3）变截面部位钢筋安装
				（4）滑模等特殊施工工艺钢筋安装
				（5）先张法预应力筋安装
				（6）后张法预应力筋安装
				（7）无粘结后张法预应力筋安装
				（8）箱型基础钢筋安装
				（9）箱梁钢筋安装
3. 施工检查	20	3–1　质量检查	10	（1）钢筋网片施工质量检查
				（2）钢筋骨架施工质量检查
				（3）钢筋连接节点施工质量检查
				（4）预应力筋位置检查与控制
				（5）预应力筋的自检
				（6）钢筋安装质量互检
				（7）钢筋施工质量缺陷及防治
		3–2　填写记录	10	（1）自检记录表填写
				（2）互检、专检记录表填写
				（3）钢筋工程技术资料填写
				（4）钢筋工程技术资料整理

2.3.5 四级 / 中级职业技能培训操作技能考核规范

考核范围	考核比重（%）	考核内容	考核比重（%）	考核形式	重要程度	选考方式	考核时间（分钟）
1. 施工准备	35	1–1 准备材料、机具	10	实操	X	抽考 二选一	30
		1–2 识读图纸方案	10	实操	X		
		1–3 编制配料单	15	实操	Y	必考	30
2. 钢筋作业	35	2–1 钢筋加工	10	实操	X	必考	30
		2–2 钢筋连接	10	实操	Y	必考	30
		2–3 钢筋安装	15	实操	Y	必考	20
3. 施工检查	30	3–1 质量检查	15	实操	X	必考	30
		3–2 填写记录	15	实操	X	必考	

2.3.6 三级 / 高级职业技能培训理论知识考核规范

考核范围	考核比重（%）	考核内容	考核比重（%）	考核单元
1. 施工准备	40	1–1 识读图纸	15	（1）箱型基础结构施工图
				（2）设备基础结构施工图
				（3）牛腿柱结构施工图
				（4）预应力屋架结构施工图
				（5）预应力箱梁结构施工图
				（6）组合结构施工图
				（7）烟囱结构施工图
				（8）其他复杂部位结构施工图
				（9）筒体结构施工图
				（10）束筒结构施工图
				（11）框剪结构施工图
				（12）壳体结构施工图
				（13）装配式结构施工图

续表

考核范围	考核比重（%）	考核内容	考核比重（%）	考核单元
1. 施工准备		1–2　编制方案	10	（1）钢筋工程施工方案
				（2）钢筋工程专项施工方案
				（3）质量、安全技术交底
				（4）班组作业进度计划
				（5）班组作业材料计划
				（6）班组作业质量控制方案
				（7）一般预应力施工方案
		1–3　编制配料单	15	（1）箱型基础钢筋配料单
				（2）设备基础钢筋配料单
				（3）牛腿柱钢筋配料单
				（4）预应力屋架钢筋配料单
				（5）预应力箱梁钢筋配料单
				（6）组合结构钢筋配料单
				（7）其他复杂构件钢筋配料单
				（8）烟囱钢筋配料单
				（9）水塔钢筋配料单
				（10）利用计算机技术翻样和编制配料单
				（11）预应力筋及附件配料单
2. 钢筋作业	30	2–1　钢筋连接	15	（1）大型预制构件连接
				（2）套筒灌浆连接
				（3）滚轧直螺纹连接
				（4）熔融金属充填接头连接
				（5）新型连接技术
		2–2　钢筋安装	15	（1）复杂结构、构件的钢筋安装
				（2）特殊构筑物的钢筋安装
				（3）电热张拉法施工
				（4）非常规预应力筋配料与安装
3. 施工检查	15	3–1　质量检查	10	（1）钢筋质量检查
				（2）钢筋安装质量跟踪检查
				（3）安装质量问题处理结果的复核和监督检查

续表

考核范围	考核比重（%）	考核内容	考核比重（%）	考核单元
3. 施工检查	15	3–2　问题处理	5	（1）普通钢筋施工中安装质量问题处理
				（2）预应力施工质量缺陷处理
4. 指导施工	15	4–1　组织施工	10	（1）难点、重点、控制点施工的指导
				（2）“四新技术”的应用
		4–2　技术培训	5	（1）编写五级 / 初级工、四级 / 中级工培训资料
				（2）五级 / 初级工、四级 / 中级工培训

2.3.7　三级 / 高级职业技能培训操作技能考核规范

考核范围	考核比重（%）	考核内容	考核比重（%）	考核形式	重要程度	选考方式	考核时间（分钟）
1. 施工准备	30	1–1　识读图纸	10	实操	X	必考	30
		1–2　编制方案	10	实操	Y	必考	40
		1–3　编制配料单	10	实操	X	必考	30
2. 钢筋作业	30	2–1　钢筋连接	10	实操	Y	必考	20
		2–2　钢筋安装	20	实操	X	必考	30
3. 施工检查	20	3–1　质量检查	10	实操或笔试	X	选考	20
		3–2　问题处理	10	实操或笔试	Y	必考	20
4. 指导施工	20	4–1　组织施工	10	笔试	Y	选考	20
		4–2　技术培训	10	笔试	Z	选考	20

2.3.8　二级 / 技师职业技能培训理论知识考核规范

考核范围	考核比重（%）	考核内容	考核比重（%）	考核单元
1. 施工管理	30	1–1　核对图纸	8	（1）异形结构配筋施工图
				（2）空间结构配筋施工图
				（3）异形结构图纸合理化建议
				（4）空间结构图纸合理化建议
				（5）异形结构建筑、结构、安装图纸综合识读
				（6）空间结构建筑、结构、安装图纸综合识读

续表

考核范围	考核比重（%）	考核内容	考核比重（%）	考核单元
1. 施工管理	30	1–2　编制方案	12	（1）异形结构钢筋工程施工方案
				（2）空间结构钢筋工程施工方案
				（3）双向曲线预应力施工方案
				（4）整体预应力施工方案
				（5）钢筋工程成本的核算
		1–3　质量、安全管理	10	（1）异形结构钢筋工程质量控制
				（2）空间结构钢筋工程质量控制
				（3）一般预应力施工的质量措施
				（4）一般预应力施工的安全措施
				（5）特殊钢筋工程质量控制点及预控措施
				（6）特殊钢筋工程安全控制点及预控措施
2. 指导施工	40	2–1　组织施工	22	（1）壳体结构
				（2）异形池体
				（3）双曲线冷却塔
				（4）特殊预应力结构
		2–2　技术处理	18	（1）钢筋混凝土构件钢筋大样图的审查
				（2）钢筋混凝土构件钢筋配料单的审查
				（3）钢筋施工疑难问题的处理
3. 培训创新	30	3–1　技术培训	18	（1）编制钢筋工培训计划
				（2）五级 / 初级工培训
				（3）四级 / 中级工培训
				（4）三级 / 高级工培训
		3–2　改造创新	12	（1）施工总结
				（2）新技术、新工艺、新材料、新设备推广应用实施方案
				（3）工艺改造
				（4）操作规程及工法编写

2.3.9 二级 / 技师职业技能培训操作技能考核规范

考核范围	考核比重（%）	考核内容	考核比重（%）	考核形式	重要程度	选考方式	考核时间（分钟）
1. 施工管理	40	1-1 核对图纸	10	实操	X	必考	30
		1-2 编制方案	15	实操	X	必考	30
		1-3 质量、安全管理	15	评审	X	必考	20
2. 指导施工	40	2-1 组织施工	20	实操	X	必考	30
		2-2 技术处理	20	评审	X	必考	20
3. 培训创新	20	3-1 技术培训	10	笔试	Y	必考	30
		3-2 改造创新	10	笔试	X	必考	30

2.3.10 一级 / 高级技师职业技能培训理论知识考核规范

考核范围	考核比重（%）	考核内容	考核比重（%）	考核单元
1. 施工管理	30	1-1 核对图纸	15	（1）体外预应力工程施工图
				（2）隧道工程施工图
				（3）桥梁工程施工图
				（4）坑矿工程施工图
				（5）预应力工程复杂部位实施方案修改
				（6）建筑信息模型（BIM）技术应用
		1-2 编制方案	15	（1）预应力工程专项施工方案
				（2）隧道钢筋工程专项施工方案
				（3）桥梁钢筋工程专项施工方案
				（4）坑矿钢筋工程专项施工方案
				（5）钢筋工程工艺技术改造方案
				（6）钢筋工程设备技术改造方案

续表

考核范围	考核比重（%）	考核内容	考核比重（%）	考核单元
2. 指导施工	30	2–1 组织施工	15	（1）计算机辅助系统应用
				（2）钢筋定位安装及施工指导
				（3）隧道钢筋工程施工指导
				（4）桥梁钢筋工程施工指导
				（5）坑矿钢筋工程施工指导
				（6）复杂预应力工程张拉控制及调整
				（7）复杂预应力工程施工指导
		2–2 技术处理	15	（1）技术改造与创新
				（2）钢筋工程应急预案
				（3）结构实体检测知识
3. 培训创新	40	3–1 技术培训	20	（1）建筑行业先进技术应用
				（2）信息管理技术应用
				（3）钢筋工培训大纲编写
		3–2 改造创新	20	（1）钢筋工程技术的改造和创新
				（2）预应力工程技术的改造和创新
				（3）装配式建筑技术的改造和创新
				（4）操作规程审定
				（5）工法审定
				（6）新技术的信息采集和推广应用
				（7）新工艺的信息采集和推广应用
				（8）新材料的信息采集和推广应用
				（9）新设备的信息采集和推广应用
				（10）创新、改造技术成果转化

2.3.11 一级 / 高级技师职业技能培训操作技能考核规范

考核范围	考核比重（%）	考核内容	考核比重（%）	考核形式	重要程度	选考方式	考核时间（分钟）
1. 施工管理	30	1–1 核对图纸	15	实操	X	抽考二选一	60
		1–2 编制方案	15	实操	X		
2. 指导施工	40	2–1 组织施工	20	实操	X	抽考二选一	60
		2–2 技术处理	20	实操	Y		
3. 培训创新	30	3–1 技术培训	15	实操	X	抽考二选一	60
		3–2 改造创新	15	实操	X		

附录

培训要求与课程规范对照表

附录 1 职业基本素质培训要求与课程规范对照表

<table>
<tr><th colspan="3">2.1.1 职业基本素质培训要求</th><th colspan="4">2.2.1 职业基本素质培训课程规范</th></tr>
<tr><th>职业基本素质模块（模块）</th><th>培训内容（课程）</th><th>培训细目</th><th>学习单元</th><th>课程内容</th><th>培训建议</th><th>课堂学时</th></tr>
<tr><td rowspan="13">1. 职业认知与职业道德</td><td rowspan="5">1-1 职业认知</td><td rowspan="5">（1）认知建筑施工工种
（2）认知钢筋工</td><td rowspan="3">（1）建筑施工工种简介</td><td>1）建筑与建筑施工</td><td rowspan="3">（1）方法：讲授法、案例教学法
（2）重点与难点：建筑施工工种的职业特点</td><td rowspan="3">1</td></tr>
<tr><td>2）建筑施工的主要工种</td></tr>
<tr><td>3）建筑施工工种的职业特点</td></tr>
<tr><td rowspan="2">（2）钢筋工简介</td><td>1）钢筋工的主要岗位职责</td><td rowspan="2">（1）方法：讲授法、案例教学法
（2）重点与难点：钢筋工的主要工作内容</td><td rowspan="2">1</td></tr>
<tr><td>2）钢筋工的主要工作内容</td></tr>
<tr><td rowspan="2">1-2 职业道德</td><td rowspan="2">职业道德基本规范</td><td rowspan="2">职业道德基本规范</td><td>1）道德与职业道德</td><td rowspan="2">（1）方法：讲授法、案例教学法
（2）重点与难点：职业道德的特点与作用</td><td rowspan="2">1</td></tr>
<tr><td>2）职业道德的特点与作用</td></tr>
<tr><td rowspan="6">1-3 职业守则</td><td rowspan="6">钢筋工职业守则</td><td rowspan="6">钢筋工职业守则</td><td>1）质量至上，效益优先</td><td rowspan="6">（1）方法：讲授法、案例教学法
（2）重点与难点：质量至上，效益优先</td><td rowspan="6">1</td></tr>
<tr><td>2）爱岗敬业，忠于职守</td></tr>
<tr><td>3）遵纪守法，安全生产</td></tr>
<tr><td>4）尊师爱徒，团结互助</td></tr>
<tr><td>5）勤俭节约，关心企业</td></tr>
<tr><td>6）钻研技术，勇于创新</td></tr>
<tr><td rowspan="4">2. 基础知识</td><td rowspan="4">2-1 认知图纸与建筑结构</td><td rowspan="4">（1）认知建筑图纸
（2）认知建筑结构
（3）认知钢筋混凝土结构图例符号
（4）认知常规钢筋混凝土结构及构配件的结构施工图</td><td rowspan="3">（1）识图和结构构造基础</td><td>1）建筑物的构造组成</td><td rowspan="3">（1）方法：讲授法、案例教学法
（2）重点与难点：建筑工程图纸的组成与功能</td><td rowspan="3">6</td></tr>
<tr><td>2）建筑结构基础知识</td></tr>
<tr><td>3）建筑工程图纸的组成与功能</td></tr>
<tr><td>（2）钢筋混凝土结构图例符号</td><td>钢筋混凝土结构图例符号</td><td>（1）方法：讲授法、案例教学法
（2）重点与难点：钢筋混凝土结构图例符号</td><td>2</td></tr>
</table>

续表

2.1.1 职业基本素质培训要求			2.2.1 职业基本素质培训课程规范			
职业基本素质模块（模块）	培训内容（课程）	培训细目	学习单元	课程内容	培训建议	课堂学时
2. 基础知识	2-1 认知图纸与建筑结构		（3）常规钢筋混凝土结构及构配件的结构施工图	1）基础施工图 2）墙、柱施工图 3）梁、板施工图 4）楼梯施工图	（1）方法：讲授法、案例教学法 （2）重点与难点：基础施工图，墙、柱施工图，梁、板施工图	8
	2-2 认知钢筋	（1）认知钢筋的品种、性能、规格、型号 （2）进行材料验收与保管	（1）钢筋材料认知	1）钢筋的分类 2）钢筋的力学性能 3）钢筋的工艺性能 4）钢筋的规格与型号	（1）方法：讲授法、案例教学法 （2）重点：钢筋的工艺性能 （3）难点：钢筋的力学性能	2
			（2）材料验收和保管	1）钢筋入场验收程序 2）钢筋入场验收内容及方法 3）钢筋储存及保管注意事项 4）钢筋辅材的验收和保管	（1）方法：讲授法、案例教学法 （2）重点与难点：钢筋入场验收内容及方法	2
	2-3 认知钢筋加工机具	（1）进行常用钢筋加工机具的安全操作 （2）进行常用钢筋加工机具的日常维护和保养	（1）常用钢筋加工机具的安全操作	1）钢筋调直机具的安全操作 2）钢筋切断机具的安全操作 3）钢筋弯曲机具的安全操作 4）钢筋冷加工机具的安全操作 5）钢筋机械连接机具的安全操作 6）钢筋手工机具的安全操作	（1）方法：讲授法、案例教学法 （2）重点与难点：钢筋切断机具的安全操作、钢筋弯曲机具的安全操作、钢筋机械连接机具的安全操作	2
			（2）常用钢筋加工机具的日常维护和保养	1）钢筋调直机具的日常维护和保养 2）钢筋切断机具的日常维护和保养 3）钢筋弯曲机具的日常维护和保养 4）钢筋冷加工机具的日常维护和保养	（1）方法：讲授法、案例教学法 （2）重点与难点：钢筋切断机具的日常维护和保养、钢筋弯曲机具的日常维护和保养、钢筋机械连接机具的日常维护和保养	2

续表

2.1.1 职业基本素质培训要求			2.2.1 职业基本素质培训课程规范			
职业基本素质模块（模块）	培训内容（课程）	培训细目	学习单元	课程内容	培训建议	课堂学时
2. 基础知识	2–3 认知钢筋加工机具	（1）进行常用钢筋加工机具的安全操作 （2）进行常用钢筋加工机具的日常维护和保养	（2）常用钢筋加工机具的日常维护和保养	5）钢筋机械连接机具的日常维护和保养		
				6）钢筋手工机具的日常维护和保养		
	2–4 认知安全生产	（1）职业健康、劳动保护与安全生产 （2）消防、医疗救护基础知识	（1）职业健康、劳动保护与安全生产	1）现场一般安全作业要求与安全标识认知	（1）方法：讲授法、案例教学法 （2）重点与难点：临边作业安全防护，高空作业安全防护，临时用电安全要求，冬、雨期施工安全要求	2
				2）临边作业安全防护		
				3）高空作业安全防护		
				4）临时用电安全要求		
				5）钢筋运输及装卸安全要求		
				6）钢筋绑扎与安装安全要求		
				7）冬、雨期施工安全要求		
			（2）消防、医疗救护基础知识	1）消防基础知识	（1）方法：讲授法、案例教学法 （2）重点与难点：消防基础知识、医疗救护基础知识	2
				2）医疗救护基础知识		
	2–5 认知环境保护	（1）施工环境保护 （2）钢筋成品、半成品保护	（1）施工环境保护	1）绿色施工概念	（1）方法：讲授法、案例教学法 （2）重点与难点：环保施工技术措施	2
				2）环保施工技术措施		
			（2）钢筋成品、半成品保护	1）钢筋半成品保护措施	（1）方法：讲授法、案例教学法 （2）重点与难点：钢筋半成品保护措施、钢筋成品保护措施	2
				2）钢筋成品保护措施		

续表

2.1.1　职业基本素质培训要求			2.2.1　职业基本素质培训课程规范			
职业基本素质模块（模块）	培训内容（课程）	培训细目	学习单元	课程内容	培训建议	课堂学时
3. 法律、法规	相关法律、法规知识	（1）相关法律知识 （2）相关法规知识	（1）相关法律知识	1）《中华人民共和国建筑法》相关知识	（1）方法：讲授法、案例教学法 （2）重点与难点：《中华人民共和国建筑法》相关知识、《中华人民共和国安全生产法》相关知识、《中华人民共和国环境保护法》相关知识	2
				2）《中华人民共和国安全生产法》相关知识		
				3）《中华人民共和国环境保护法》相关知识		
				4）《中华人民共和国劳动法》相关知识		
				5）《中华人民共和国劳动合同法》相关知识		
			（2）相关法规知识	1）《建筑工程安全生产管理条例》相关知识	（1）方法：讲授法、案例教学法 （2）重点与难点：《建筑工程安全生产管理条例》和《建筑工程质量管理条例》相关知识	2
				2）《建筑工程质量管理条例》相关知识		
				3）地方性法规知识		
培训学时合计						40

附录 2　五级 / 初级职业技能培训要求与课程规范对照表

2.1.2　五级 / 初级职业技能培训要求				2.2.2　五级 / 初级职业技能培训课程规范			
职业功能模块（模块）	培训内容（课程）	技能目标	培训细目	学习单元	课程内容	培训建议	课堂学时
1. 施工准备	1-1　准备作业现场	1-1-1　能正确佩戴个人安全防护用具，能正确使用安全操作平台和小型机械设备	（1）佩戴个人安全防护用具 （2）使用安全操作平台和小型机械设备	（1）个人安全防护和安全操作	1）职业健康和安全生产要求	（1）方法：讲授法、案例教学法 （2）重点与难点：钢筋工安全技术操作规程	2
					2）个人安全防护用具 ①安全帽 ②安全带 ③防护手套		
					3）钢筋工安全技术操作规程		

续表

2.1.2 五级 / 初级职业技能培训要求				2.2.2 五级 / 初级职业技能培训课程规范			
职业功能模块（模块）	培训内容（课程）	技能目标	培训细目	学习单元	课程内容	培训建议	课堂学时
1. 施工准备	1-1 准备作业现场	1-1-2 能按照施工作业条件要求清理和准备作业场地	（1）清理、检查现场 （2）准备作业场地	（2）作业场地清理和准备	1）文明施工要求 2）作业场地要求 3）作业场地清理和准备 ①地面作业 ②高空作业	（1）方法：讲授法、演示法、案例教学法 （2）重点与难点：作业场地要求	2
		1-1-3 能识读质量、安全技术交底	识读质量、安全技术交底	（3）质量、安全技术交底	1）质量技术交底内容 2）安全技术交底内容	（1）方法：讲授法、案例教学法 （2）重点与难点：安全技术交底内容	2
		1-1-4 能进行触电、中暑等简单的基本医疗救护	（1）触电基本医疗救护 （2）中暑基本医疗救护 （3）施工现场常见安全事故基本医疗救护	（4）施工现场应急救护	1）施工现场触电应急救护 2）施工现场中暑应急救护 3）施工现场常见安全事故应急救护	（1）方法：讲授法、演示法、案例教学法 （2）重点与难点：施工现场触电应急救护、施工现场中暑应急救护、施工现场常见安全事故应急救护	2
		1-1-5 能正确使用现场消防器材	使用消防器材灭火	（5）施工现场消防安全	1）消防安全要求 2）施工现场常见消防器材种类 ①灭火器 ②消防水泵 ③消火栓 3）灭火器灭火 ①使用方法 ②使用范围 4）消防水泵及消火栓的使用方法	（1）方法：讲授法、演示法、案例教学法 （2）重点与难点：消防安全要求；施工现场常见消防器材种类	2

续表

<table>
<tr><th colspan="4">2.1.2　五级 / 初级职业技能培训要求</th><th colspan="4">2.2.2　五级 / 初级职业技能培训课程规范</th></tr>
<tr><th>职业功能模块（模块）</th><th>培训内容（课程）</th><th>技能目标</th><th>培训细目</th><th>学习单元</th><th>课程内容</th><th>培训建议</th><th>课堂学时</th></tr>
<tr><td rowspan="13">1. 施工准备</td><td rowspan="13">1–2　准备材料、机具</td><td rowspan="5">1–2–1　能按配料单搬运、选用和检查钢筋主辅料并进行分类标识</td><td rowspan="5">（1）选用和检查钢筋
（2）选用和检查辅料
（3）搬运钢筋主辅料</td><td rowspan="5">（1）钢筋主辅料</td><td>1）钢筋的规格、种类</td><td rowspan="5">（1）方法：讲授法、演示法、案例教学法
（2）重点与难点：钢筋的规格、种类，钢筋主辅料的运输、装卸、码放和标识要求</td><td rowspan="5">4</td></tr>
<tr><td>2）钢筋辅料
①绑扎丝
②垫块
③塑料卡</td></tr>
<tr><td>3）配料单的识读</td></tr>
<tr><td>4）领料、备料程序</td></tr>
<tr><td>5）钢筋主辅料的运输、装卸、码放和标识要求</td></tr>
<tr><td rowspan="3">1–2–2　能选用、清理、摆放及检查钢筋加工机具</td><td rowspan="3">（1）选用及清理钢筋加工机具
（2）摆放及检查钢筋加工机具</td><td rowspan="3">（2）钢筋加工机具</td><td>1）钢筋加工机具的选用、清理要求
①除锈机
②调直机
③切断机
④弯曲机</td><td rowspan="3">（1）方法：讲授法、演示法、案例教学法
（2）重点与难点：钢筋加工机具的操作方法及安全规程</td><td rowspan="3">4</td></tr>
<tr><td>2）钢筋加工机具的摆放、安装要求</td></tr>
<tr><td>3）钢筋加工机具的操作方法及安全规程</td></tr>
<tr><td rowspan="4">1–2–3　能码放、搬运成型骨架</td><td rowspan="4">（1）码放成型骨架
（2）搬运成型骨架</td><td rowspan="4">（3）成型骨架码放、搬运</td><td>1）成型骨架的组成</td><td rowspan="4">（1）方法：讲授法、演示法
（2）重点与难点：成型骨架码放要求、成型骨架搬运要求</td><td rowspan="4">4</td></tr>
<tr><td>2）成型骨架保护要求</td></tr>
<tr><td>3）成型骨架码放要求</td></tr>
<tr><td>4）成型骨架搬运要求</td></tr>
</table>

续表

2.1.2　五级 / 初级职业技能培训要求				2.2.2　五级 / 初级职业技能培训课程规范			
职业功能模块（模块）	培训内容（课程）	技能目标	培训细目	学习单元	课程内容	培训建议	课堂学时
2. 钢筋作业	2–1　钢筋加工	2–1–1　能进行钢筋外观缺陷检查	检查钢筋外观缺陷	（1）钢筋外观缺陷检查	1）钢筋外观缺陷 ①污垢 ②锈蚀 ③结疤 ④裂痕 ⑤变形 2）钢筋外观质量检查要求 3）钢筋外观质量检查方法	（1）方法：讲授法、演示法 （2）重点与难点：钢筋外观质量检查要求	2
		2–1–2　能进行钢筋清污、除锈、调直等操作	（1）钢筋清污 （2）钢筋除锈 （3）钢筋调直	（2）钢筋清污、除锈、调直	1）钢筋清污 ①清污方法 ②清污质量要求 2）钢筋除锈 ①除锈方法 ②除锈质量要求 3）钢筋调直 ①调直方法 ②调直质量要求	（1）方法：讲授法、演示法 （2）重点与难点：钢筋清污、钢筋除锈、钢筋调直	4
		2–1–3　能使用钢筋加工机具按配料单下料	使用钢筋加工机具下料	（3）使用钢筋加工机具下料	1）钢筋度量工具 2）钢筋度量方法 3）使用钢筋加工机具下料 ①手动切断 ②机械切断 4）手动工具的使用	（1）方法：讲授法、演示法 （2）重点与难点：使用钢筋加工机具下料	4
		2–1–4　能使用钢筋成型机具进行钢筋加工、骨架成型	使用钢筋成型机具加工钢筋	（4）使用钢筋成型机具加工钢筋	1）钢筋弯曲加工 ①手动弯曲 ②机械弯曲 2）钢筋骨架成型	（1）方法：讲授法、演示法 （2）重点与难点：钢筋弯曲加工	2

续表

2.1.2 五级 / 初级职业技能培训要求				2.2.2 五级 / 初级职业技能培训课程规范			
职业功能模块（模块）	培训内容（课程）	技能目标	培训细目	学习单元	课程内容	培训建议	课堂学时
2. 钢筋作业	2-2 钢筋连接	2-2-1 能进行钢筋定位和临时固定	（1）钢筋定位 （2）钢筋临时固定	（1）钢筋定位和临时固定	1）钢筋保护层	（1）方法：讲授法、演示法 （2）重点与难点：钢筋定位、钢筋临时固定	4
					2）钢筋定位 ①钢筋定位工艺方法 ②质量要求		
					3）钢筋临时固定 ①钢筋临时固定措施 ②质量要求		
		2-2-2 能进行钢筋搭接连接操作	钢筋搭接连接	（2）钢筋搭接连接	1）钢筋搭接连接要求	（1）方法：讲授法、演示法 （2）重点与难点：钢筋搭接连接要求、钢筋搭接连接	4
					2）钢筋搭接连接 ①搭接方法 ②搭接工具		
	2-3 钢筋安装	2-3-1 能进行钢筋网片和骨架绑扎、安装、固定	（1）钢筋网片和骨架绑扎 （2）钢筋网片和骨架安装 （3）钢筋网片和骨架固定 （4）预应力筋骨架绑扎	（1）钢筋绑扎、安装和固定	1）钢筋绑扎材料	（1）方法：讲授法、演示法 （2）重点与难点：钢筋绑扎方法、钢筋锚固要求、钢筋节点构造	6
					2）钢筋绑扎方法 ①手动绑扎 ②机械绑扎		
					3）钢筋锚固要求		
					4）钢筋连接接头位置 ①受力筋 ②非受力筋		
					5）钢筋节点构造 ①支座处 ②梁柱节点处 ③梁板节点处		
					6）钢筋连接、安装质量要求		
					7）预制钢筋骨架绑扎工艺及要求		

续表

<table>
<tr><th colspan="4">2.1.2　五级 / 初级职业技能培训要求</th><th colspan="4">2.2.2　五级 / 初级职业技能培训课程规范</th></tr>
<tr><th>职业功能模块（模块）</th><th>培训内容（课程）</th><th>技能目标</th><th>培训细目</th><th>学习单元</th><th>课程内容</th><th>培训建议</th><th>课堂学时</th></tr>
<tr><td rowspan="4">2. 钢筋作业</td><td rowspan="4">2-3　钢筋安装</td><td rowspan="4">2-3-2　能按施工交底要求设置钢筋限位件</td><td rowspan="4">设置钢筋限位件</td><td rowspan="4">（2）钢筋限位件设置</td><td>1）施工交底要求</td><td rowspan="4">（1）方法：讲授法、演示法
（2）重点与难点：设置钢筋限位件</td><td rowspan="4">2</td></tr>
<tr><td>2）垫块的设置要求</td></tr>
<tr><td>3）塑料卡的设置要求</td></tr>
<tr><td>4）支撑筋的设置要求</td></tr>
<tr><td rowspan="10">3. 施工检查</td><td rowspan="6">3-1　质量检查</td><td rowspan="2">3-1-1　能进行自检</td><td rowspan="2">钢筋作业自检</td><td rowspan="2">（1）钢筋作业自检</td><td>1）自检的要求</td><td rowspan="2">（1）方法：讲授法、演示法
（2）重点与难点：自检的方法</td><td rowspan="2">2</td></tr>
<tr><td>2）自检的方法</td></tr>
<tr><td rowspan="4">3-1-2　能检查钢筋网片、骨架绑扎、定位、固定质量</td><td rowspan="4">（1）钢筋网片和骨架绑扎质量检查
（2）钢筋网片和骨架定位质量检查
（3）钢筋网片和骨架固定质量检查</td><td rowspan="4">（2）钢筋成品质量检查</td><td>1）钢筋网片、骨架绑扎质量检查</td><td rowspan="4">（1）方法：讲授法、案例教学法
（2）重点与难点：钢筋网片、骨架安装质量检查，钢筋限位件安装质量检查</td><td rowspan="4">4</td></tr>
<tr><td>2）钢筋网片、骨架安装质量检查</td></tr>
<tr><td>3）钢筋连接质量检查</td></tr>
<tr><td>4）钢筋限位件安装质量检查</td></tr>
<tr><td rowspan="4">3-2　调整保护</td><td rowspan="2">3-2-1　能进行钢筋位置的调整</td><td rowspan="2">（1）调整钢筋位置
（2）调整钢筋变形</td><td rowspan="2">（1）钢筋调整</td><td>1）钢筋位置调整</td><td rowspan="2">（1）方法：讲授法、演示法
（2）重点与难点：钢筋位置调整</td><td rowspan="2">2</td></tr>
<tr><td>2）钢筋变形调整</td></tr>
<tr><td rowspan="2">3-2-2　能修复施工过程中发生的钢筋移位和变形</td><td rowspan="2">（1）钢筋成品保护
（2）钢筋移位和变形修复</td><td rowspan="2">（2）钢筋修复</td><td>1）钢筋成品保护常识及方法</td><td rowspan="2">（1）方法：讲授法、案例教学法
（2）重点与难点：钢筋成品保护方法</td><td rowspan="2">2</td></tr>
<tr><td>2）修复钢筋移位和变形的方法</td></tr>
<tr><td colspan="7">培训学时合计</td><td>60</td></tr>
</table>

附录 3　四级 / 中级职业技能培训要求与课程规范对照表

<table>
<tr><th colspan="4">2.1.3　四级 / 中级职业技能培训要求</th><th colspan="4">2.2.3　四级 / 中级职业技能培训课程规范</th></tr>
<tr><th>职业功能模块（模块）</th><th>培训内容（课程）</th><th>技能目标</th><th>培训细目</th><th>学习单元</th><th>课程内容</th><th>培训建议</th><th>课堂学时</th></tr>
<tr><td rowspan="5">1. 施工准备</td><td rowspan="5">1-1　准备材料、机具</td><td rowspan="3">1-1-1　能进行钢筋进场验收</td><td rowspan="3">（1）钢筋进场验收
（2）钢筋进场取样
（3）检测报告识读</td><td>（1）钢筋进场验收</td><td>钢筋进场验收
①验收流程
②验收内容
③验收标准
④复检内容</td><td>（1）方法：讲授法、案例教学法、实训法
（2）重点与难点：钢筋进场验收标准</td><td>2</td></tr>
<tr><td>（2）钢筋进场取样</td><td>钢筋进场取样
①取样方法
②取样要点
③取样操作</td><td>（1）方法：讲授法、案例教学法、实训法
（2）重点与难点：钢筋取样操作</td><td>2</td></tr>
<tr><td>（3）检测报告识读</td><td>检测报告识读
①检测报告内容
②检测报告识读</td><td>（1）方法：讲授法、案例教学法、实训法
（2）重点与难点：检测报告识读</td><td>2</td></tr>
<tr><td>1-1-2　能选用预应力施工所选用的锚具、夹具及张拉设备</td><td>选用预应力施工机具</td><td>（4）预应力施工设备选用</td><td>预应力施工设备选用
①预应力施工分类
②预应力施工机具认知
③预应力施工机具安全操作</td><td>（1）方法：讲授法、案例教学法、实训法
（2）重点与难点：预应力施工机具安全操作</td><td>4</td></tr>
<tr><td>1-1-3　能选用钢筋机械连接机具</td><td>选用钢筋机械连接机具</td><td>（5）钢筋机械连接机具</td><td>钢筋机械连接机具选用
①钢筋连接方法
②钢筋机械连接机具选用
③钢筋机械连接机具安全操作</td><td>（1）方法：讲授法、案例教学法
（2）重点与难点：钢筋机械连接机具安全操作</td><td>2</td></tr>
</table>

续表

<table>
<tr><th colspan="4">2.1.3　四级 / 中级职业技能培训要求</th><th colspan="4">2.2.3　四级 / 中级职业技能培训课程规范</th></tr>
<tr><th>职业功能模块（模块）</th><th>培训内容（课程）</th><th>技能目标</th><th>培训细目</th><th>学习单元</th><th>课程内容</th><th>培训建议</th><th>课堂学时</th></tr>
<tr><td rowspan="9">1. 施工准备</td><td rowspan="4">1-1　准备材料、机具</td><td rowspan="4">1-1-4　能进行钢筋加工机具日常维护</td><td rowspan="4">（1）维护钢筋切断机
（2）维护钢筋弯曲机
（3）维护钢筋机械连接机具
（4）维护预应力施工机具</td><td rowspan="4">（6）钢筋加工机具日常维护</td><td>1）钢筋切断机日常维护</td><td rowspan="4">（1）方法：讲授法、案例教学法
（2）重点与难点：钢筋切断机、弯曲机、机械连接机具日常维护</td><td rowspan="4">2</td></tr>
<tr><td>2）钢筋弯曲机日常维护</td></tr>
<tr><td>3）钢筋机械连接机具日常维护</td></tr>
<tr><td>4）预应力施工机具日常维护</td></tr>
<tr><td rowspan="5">1-2　识读图纸方案</td><td rowspan="5">1-2-1　能识读框架、剪力墙、混合结构等结构施工图</td><td rowspan="5">（1）识读框架结构施工图
（2）识读剪力墙结构施工图
（3）识读混合结构施工图</td><td rowspan="5">（1）框架结构施工图</td><td>1）结构施工图基础知识</td><td rowspan="5">（1）方法：讲授法、案例教学法
（2）重点与难点：梁、柱、板、楼梯平法施工图识读</td><td rowspan="5">10</td></tr>
<tr><td>2）梁平法施工图识读
①框架梁结构构造
②框架梁施工图的平法图示</td></tr>
<tr><td>3）柱平法施工图识读
①框架柱结构构造
②框架柱施工图的平法图示</td></tr>
<tr><td>4）板平法施工图识读
①楼板结构构造
②楼板施工图的平法图示</td></tr>
<tr><td>5）楼梯平法施工图识读
①楼梯结构构造
②楼梯施工图的平法图示</td></tr>
</table>

续表

<table>
<tr><th colspan="4">2.1.3　四级 / 中级职业技能培训要求</th><th colspan="4">2.2.3　四级 / 中级职业技能培训课程规范</th></tr>
<tr><th>职业功能模块（模块）</th><th>培训内容（课程）</th><th>技能目标</th><th>培训细目</th><th>学习单元</th><th>课程内容</th><th>培训建议</th><th>课堂学时</th></tr>
<tr><td rowspan="8">1. 施工准备</td><td rowspan="8">1-2　识读图纸方案</td><td rowspan="5">1-2-1　能识读框架、剪力墙、混合结构等结构施工图</td><td rowspan="5">（1）识读框架结构施工图
（2）识读剪力墙结构施工图
（3）识读混合结构施工图</td><td>（2）剪力墙结构施工图</td><td>剪力墙结构施工图识读
①剪力墙结构构造
②剪刀墙施工图的平法图示</td><td>（1）方法：讲授法、案例教学法
（2）重点与难点：剪力墙结构构造</td><td>2</td></tr>
<tr><td rowspan="4">（3）混合结构施工图</td><td>1）混合结构基础知识</td><td rowspan="4">（1）方法：讲授法、案例教学法
（2）重点与难点：简支梁、构造柱、墙体拉结筋施工图识读</td><td rowspan="4">2</td></tr>
<tr><td>2）简支梁施工图
①简支梁钢筋构造
②简支梁施工图识读</td></tr>
<tr><td>3）构造柱施工图
①构造柱结构构造
②构造柱施工图识读</td></tr>
<tr><td>4）墙体拉结筋
①墙体拉结筋构造
②墙体拉结筋施工图识读</td></tr>
<tr><td rowspan="3">1-2-2　能识读预制构件配筋图</td><td rowspan="3">（1）预制构件基础知识
（2）预制梁、柱、墙、板、楼梯等预制构件配筋图</td><td rowspan="3">（4）预制构件配筋图</td><td>1）预制构件基础知识
①装配式混凝土结构体系
②预制构件分类</td><td rowspan="3">（1）方法：讲授法、案例教学法
（2）重点与难点：预制梁、柱、墙、板、楼梯配筋图识读</td><td rowspan="3">10</td></tr>
<tr><td>2）预制梁结构施工图识读
①预制梁钢筋构造
②配筋图识读</td></tr>
<tr><td>3）预制柱结构施工图识读
①预制柱钢筋构造
②配筋图识读</td></tr>
</table>

续表

2.1.3 四级 / 中级职业技能培训要求				2.2.3 四级 / 中级职业技能培训课程规范			
职业功能模块（模块）	培训内容（课程）	技能目标	培训细目	学习单元	课程内容	培训建议	课堂学时
1. 施工准备	1–2 识读图纸方案	1–2–2 能识读预制构件配筋图	（1）预制构件基础知识 （2）预制梁、柱、墙、板、楼梯等预制构件配筋图	（4）预制构件配筋图	4）预制墙结构施工图识读 ①预制墙钢筋构造 ②配筋图识读		
					5）预制板结构施工图识读 ①预制板钢筋构造 ②配筋图识读		
					6）预制楼梯结构施工图识读 ①预制楼梯钢筋构造 ②配筋图识读		
		1–2–3 能识读钢筋工程施工方案	识读钢筋工程施工方案	（5）钢筋工程施工方案	钢筋工程施工方案识读 ①专项施工方案内容 ②专项施工方案识读	（1）方法：讲授法、案例教学法 （2）重点与难点：专项施工方案识读	1
		1–2–4 能对简支梁、板、构造柱等简单构件进行布筋放线	（1）简支梁的布筋放线 （2）板的布筋放线 （3）构造柱的布筋放线	（6）简支梁布筋放线	简支梁布筋放线 ①布筋放线顺序 ②布筋放线操作要点 ③布筋放线操作	（1）方法：讲授法、案例教学法、实训法 （2）重点与难点：简支梁布筋放线操作	1
				（7）板布筋放线	板布筋放线 ①布筋放线顺序 ②布筋放线操作要点 ③布筋放线操作	（1）方法：讲授法、案例教学法、实训法 （2）重点与难点：板布筋放线操作	1
				（8）构造柱布筋放线	构造柱布筋放线 ①布筋放线顺序 ②布筋放线操作要点 ③布筋放线操作	（1）方法：讲授法、案例教学法、实训法 （2）重点与难点：构造柱布筋放线操作	1

续表

<table>
<tr><th colspan="4">2.1.3 四级 / 中级职业技能培训要求</th><th colspan="4">2.2.3 四级 / 中级职业技能培训课程规范</th></tr>
<tr><th>职业功能模块（模块）</th><th>培训内容（课程）</th><th>技能目标</th><th>培训细目</th><th>学习单元</th><th>课程内容</th><th>培训建议</th><th>课堂学时</th></tr>
<tr><td rowspan="4">1. 施工准备</td><td rowspan="4">1–3 编制配料单</td><td rowspan="4">1–3–1 能对框架、剪力墙、混合结构等常规结构构件进行钢筋翻样并编制配料单</td><td rowspan="4">（1）进行框架结构构件钢筋翻样并编制配料单
（2）进行剪力墙结构构件钢筋翻样并编制配料单
（3）进行混合结构构件钢筋翻样并编制配料单</td><td rowspan="4">（1）框架结构构件钢筋翻样及配料单编制</td><td>1）钢筋翻样及配料单编制基础知识
①比例尺应用
②钢筋翻样方法及流程
③配料单编制流程</td><td rowspan="4">（1）方法：讲授法、案例教学法、项目教学法
（2）重点与难点：框架梁、板、柱等构件钢筋翻样及配料单编制</td><td rowspan="4">18</td></tr>
<tr><td>2）框架梁钢筋翻样及配料单编制
①梁纵筋锚固、接头、弯钩等规定
②梁箍筋位置及排列算法
③梁钢筋下料计算方法
④配料单表格</td></tr>
<tr><td>3）框架板钢筋翻样及配料单编制
①板底部钢筋锚固、排列规定
②板顶部钢筋锚固、排列规定
③板钢筋下料计算方法
④配料单编制</td></tr>
<tr><td>4）框架柱钢筋翻样及配料单编制
①柱纵筋锚固、接头、弯钩等规定
②柱箍筋加密、排列等规定
③柱钢筋下料计算方法
④配料单编制</td></tr>
</table>

续表

<table>
<tr><td colspan="4">2.1.3　四级 / 中级职业技能培训要求</td><td colspan="4">2.2.3　四级 / 中级职业技能培训课程规范</td></tr>
<tr><td>职业功能模块（模块）</td><td>培训内容（课程）</td><td>技能目标</td><td>培训细目</td><td>学习单元</td><td>课程内容</td><td>培训建议</td><td>课堂学时</td></tr>
<tr><td rowspan="3">1. 施工准备</td><td rowspan="3">1-3　编制配料单</td><td rowspan="3">1-3-1　能对框架、剪力墙、混合结构等常规结构构件进行钢筋翻样并编制配料单</td><td rowspan="3">（1）进行框架结构构件钢筋翻样并编制配料单
（2）进行剪力墙结构构件钢筋翻样并编制配料单
（3）进行混合结构构件钢筋翻样并编制配料单</td><td>（2）剪力墙结构构件钢筋翻样及配料单编制</td><td>剪力墙结构构件钢筋翻样及配料单编制
①墙身钢筋锚固、起止位置、排列算法及规定
②墙柱钢筋锚固、起止位置、排列算法及规定
③墙梁钢筋锚固、起止位置、排列算法及规定
④剪力墙钢筋下料计算方法
⑤配料单编制</td><td>（1）方法：讲授法、案例教学法、演示法
（2）重点与难点：剪力墙结构构件钢筋翻样及配料单编制</td><td>6</td></tr>
<tr><td rowspan="2">（3）混合结构构件钢筋翻样及配料单编制</td><td>1）构造柱钢筋翻样及配料单编制
①构造柱纵筋锚固、接头、弯钩等规定
②构造柱箍筋起止位置及排列算法
③构造柱钢筋下料计算方法
④配料单编制</td><td rowspan="2">（1）方法：讲授法、案例教学法、演示法
（2）重点与难点：构造柱、简支梁钢筋翻样及配料单编制，墙体拉结筋翻样及配料单编制</td><td rowspan="2">6</td></tr>
<tr><td>2）简支梁钢筋翻样及配料单编制
①简支梁纵筋锚固、接头、弯钩、箍筋加密等规定
②简支梁箍筋起止位置及排列算法
③简支梁钢筋下料计算方法
④配料单编制</td></tr>
</table>

续表

2.1.3 四级 / 中级职业技能培训要求				2.2.3 四级 / 中级职业技能培训课程规范			
职业功能模块（模块）	培训内容（课程）	技能目标	培训细目	学习单元	课程内容	培训建议	课堂学时
1. 施工准备	1-3 编制配料单	1-3-1 能对框架、剪力墙、混合结构等常规结构构件进行钢筋翻样并编制配料单	（1）进行框架结构构件钢筋翻样并编制配料单 （2）进行剪力墙结构构件钢筋翻样并编制配料单 （3）进行混合结构构件钢筋翻样并编制配料单	（3）混合结构构件钢筋翻样及配料单编制	3）墙体拉结筋翻样及配料单编制 ①墙体拉结筋锚固、弯钩等规定 ②墙体拉结筋排列算法 ③墙体拉结筋下料计算方法 ④配料单编制		
		1-3-2 能对普通楼梯、吊车梁等一般构件进行钢筋翻样并编制配料单	（1）进行普通楼梯钢筋翻样并编制配料单 （2）进行吊车梁钢筋翻样并编制配料单	（4）普通楼梯钢筋翻样及配料单编制	楼梯钢筋翻样及配料单编制 ①楼梯钢筋锚固、接头、弯钩等规定 ②楼梯钢筋起止位置及排列算法 ③楼梯钢筋下料计算方法 ④配料单编制	（1）方法：讲授法、案例教学法、项目教学法 （2）重点与难点：楼梯钢筋配料单编制	2
				（5）吊车梁钢筋翻样及配料单编制	吊车梁钢筋翻样及配料单编制 ①吊车梁钢筋锚固、接头、弯钩等规定 ②吊车梁箍筋起止位置及排列算法 ③吊车梁钢筋下料计算方法 ④配料单编制	（1）方法：讲授法、案例教学法、项目教学法 （2）重点与难点：吊车梁钢筋配料单编制	2
2. 钢筋作业	2-1 钢筋加工	2-1-1 能使用数控加工设备进行钢筋加工、成型	（1）数控加工设备操作 （2）使用数控加工设备进行钢筋加工、成型	（1）使用数控加工设备进行钢筋加工、成型	1）钢筋数控加工设备 ①数控加工设备认知 ②数控加工设备操作 2）使用数控加工设备进行钢筋加工、成型 ①箍筋加工 ②纵筋加工	（1）方法：讲授法、案例教学法 （2）重点与难点：数控加工设备操作	2

续表

<table>
<tr><th colspan="4">2.1.3 四级 / 中级职业技能培训要求</th><th colspan="4">2.2.3 四级 / 中级职业技能培训课程规范</th></tr>
<tr><th>职业功能模块（模块）</th><th>培训内容（课程）</th><th>技能目标</th><th>培训细目</th><th>学习单元</th><th>课程内容</th><th>培训建议</th><th>课堂学时</th></tr>
<tr><td rowspan="8">2. 钢筋作业</td><td rowspan="2">2–1 钢筋加工</td><td rowspan="2">2–1–2 能进行预应力筋下料和辅料加工</td><td rowspan="2">（1）预应力筋下料
（2）预应力筋辅料加工</td><td>（2）预应力筋下料</td><td>预应力筋下料
①预应力筋下料基础知识
②先张法预应力筋下料
③后张法预应力筋下料</td><td>（1）方法：讲授法、案例教学法
（2）重点与难点：预应力筋下料</td><td>4</td></tr>
<tr><td>（3）预应力筋辅料加工</td><td>预应力筋辅料加工
①预应力筋辅料加工内容
②先张法预应力筋辅料加工
③后张法预应力筋辅料加工</td><td>（1）方法：讲授法、案例教学法
（2）重点与难点：预应力筋辅料加工</td><td>4</td></tr>
<tr><td rowspan="6">2–2 钢筋连接</td><td rowspan="6">2–2–1 能进行锥螺纹、直螺纹、套筒挤压接头连接</td><td rowspan="6">（1）锥螺纹接头连接
（2）直螺纹接头连接
（3）套筒挤压接头连接</td><td rowspan="3">（1）钢筋连接基础知识</td><td>1）钢筋连接构造要求</td><td rowspan="3">（1）方法：讲授法、案例教学法、实训法
（2）重点与难点：机械接头取样复试</td><td rowspan="3">2</td></tr>
<tr><td>2）机械连接基础知识</td></tr>
<tr><td>3）机械接头取样复试</td></tr>
<tr><td rowspan="3">（2）机械连接</td><td>1）锥螺纹接头连接
①锥螺纹接头连接操作要点
②锥螺纹接头连接操作</td><td rowspan="3">（1）方法：讲授法、案例教学法、实训法
（2）重点与难点：锥螺纹、直螺纹、套筒挤压接头连接操作</td><td rowspan="3">2</td></tr>
<tr><td>2）直螺纹接头连接
①直螺纹接头连接操作要点
②直螺纹接头连接操作</td></tr>
<tr><td>3）套筒挤压接头连接
①套筒挤压接头连接操作要点
②套筒挤压接头连接操作</td></tr>
</table>

续表

<table>
<tr><th colspan="4">2.1.3 四级 / 中级职业技能培训要求</th><th colspan="4">2.2.3 四级 / 中级职业技能培训课程规范</th></tr>
<tr><th>职业功能模块（模块）</th><th>培训内容（课程）</th><th>技能目标</th><th>培训细目</th><th>学习单元</th><th>课程内容</th><th>培训建议</th><th>课堂学时</th></tr>
<tr><td rowspan="7">2. 钢筋作业</td><td rowspan="4">2-2 钢筋连接</td><td rowspan="4">2-2-2 能进行常规预制构件的钢筋连接拼装</td><td rowspan="4">（1）预制梁构件钢筋连接拼装
（2）预制柱构件钢筋连接拼装
（3）预制墙构件钢筋连接拼装
（4）预制板构件钢筋连接拼装</td><td>（3）预制梁与预制柱的钢筋连接拼装</td><td>预制梁与预制柱的钢筋连接拼装
①构件连接要点
②构件连接操作</td><td>（1）方法：讲授法、案例教学法、实训法
（2）重点与难点：预制梁与预制柱的钢筋连接拼装</td><td>2</td></tr>
<tr><td>（4）预制梁与预制板的钢筋连接拼装</td><td>预制梁与预制板的钢筋连接拼装
①构件连接要点
②构件连接操作</td><td>（1）方法：讲授法、案例教学法、实训法
（2）重点与难点：预制梁与预制板的钢筋连接拼装</td><td>2</td></tr>
<tr><td>（5）预制柱构件的钢筋连接拼装</td><td>预制柱构件的钢筋连接拼装
①构件连接要点
②构件连接操作</td><td>（1）方法：讲授法、案例教学法、实训法
（2）重点与难点：预制柱构件的钢筋连接拼装</td><td>2</td></tr>
<tr><td>（6）预制剪力墙之间的钢筋连接拼装</td><td>预制剪力墙之间的钢筋连接拼装
①构件连接要点
②构件连接操作</td><td>（1）方法：讲授法、案例教学法、实训法
（2）重点与难点：预制剪力墙之间的钢筋连接拼装</td><td>2</td></tr>
<tr><td rowspan="3">2-3 钢筋安装</td><td rowspan="3">2-3-1 能进行弧形梁、弯折、变截面等较复杂部位钢筋安装</td><td rowspan="3">（1）弧形梁钢筋安装
（2）弯折部位钢筋安装
（3）变截面部位钢筋安装</td><td>（1）弧形梁钢筋安装</td><td>弧形梁钢筋安装
①弧形梁钢筋布筋、穿筋要求
②弧形梁钢筋安装操作</td><td>（1）方法：讲授法、案例教学法
（2）重点与难点：弧形梁钢筋安装操作</td><td>2</td></tr>
<tr><td>（2）弯折部位钢筋安装</td><td>弯折部位钢筋安装
①弯折部位钢筋布筋、穿筋要求
②弯折部位钢筋安装操作</td><td>（1）方法：讲授法、案例教学法、实训法
（2）重点与难点：弯折部位钢筋安装操作</td><td>2</td></tr>
<tr><td>（3）变截面部位钢筋安装</td><td>变截面部位钢筋安装
①变截面部位钢筋布筋、穿筋要求
②变截面部位钢筋安装操作</td><td>（1）方法：讲授法、案例教学法、实训法
（2）重点与难点：变截面部位钢筋安装操作</td><td>2</td></tr>
</table>

续表

<table>
<tr><th colspan="4">2.1.3　四级 / 中级职业技能培训要求</th><th colspan="4">2.2.3　四级 / 中级职业技能培训课程规范</th></tr>
<tr><th>职业功能模块（模块）</th><th>培训内容（课程）</th><th>技能目标</th><th>培训细目</th><th>学习单元</th><th>课程内容</th><th>培训建议</th><th>课堂学时</th></tr>
<tr><td rowspan="13">2. 钢筋作业</td><td rowspan="13">2-3　钢筋安装</td><td>2-3-2　能进行滑模等特殊施工工艺钢筋安装</td><td>滑模施工工艺钢筋安装</td><td>（4）滑模等特殊施工工艺钢筋安装</td><td>滑模施工工艺钢筋安装
①滑模施工工艺钢筋绑扎、连接要求
②滑模施工工艺钢筋安装操作</td><td>（1）方法：讲授法、案例教学法、实训法
（2）重点与难点：滑模施工工艺钢筋安装操作</td><td>2</td></tr>
<tr><td rowspan="8">2-3-3　能进行预应力筋及附件的安装和连接</td><td rowspan="8">（1）先张法施工预应力筋及附件的安装和连接
（2）后张法施工预应力筋及附件的安装和连接
（3）无粘结后张法施工预应力筋及附件的安装和连接</td><td rowspan="4">（5）先张法预应力筋安装</td><td>1）先张法施工工艺</td><td rowspan="4">（1）方法：讲授法、案例教学法、实训法
（2）重点与难点：先张法预应力筋的安装和连接</td><td rowspan="4">4</td></tr>
<tr><td>2）预应力筋的安装和连接</td></tr>
<tr><td>3）附件的安装与连接</td></tr>
<tr><td>4）张拉、锚固、张放等操作</td></tr>
<tr><td rowspan="4">（6）后张法预应力筋安装</td><td>1）后张法施工工艺</td><td rowspan="4">（1）方法：讲授法、案例教学法、实训法
（2）重点与难点：后张法预应力筋的安装和连接</td><td rowspan="4">2</td></tr>
<tr><td>2）预应力筋的安装和连接</td></tr>
<tr><td>3）附件的安装与连接</td></tr>
<tr><td>4）张拉、锚固、张放等操作</td></tr>
<tr><td rowspan="4">2-3-4　能进行预应力筋张拉、锚固、放张等施工操作①</td><td rowspan="4">（1）先张法施工预应力筋张拉、锚固、放张操作
（2）后张法施工预应力筋张拉、锚固、放张操作
（3）无粘结后张法施工预应力筋张拉、锚固、放张操作</td><td rowspan="4">（7）无粘结后张法预应力筋安装</td><td>1）无粘结后张法施工工艺</td><td rowspan="4">（1）方法：讲授法、案例教学法、实训法
（2）重点与难点：无粘结后张法预应力筋的安装和连接</td><td rowspan="4">2</td></tr>
<tr><td>2）预应力筋的安装和连接</td></tr>
<tr><td>3）附件的安装与连接</td></tr>
<tr><td>4）张拉、锚固、张放等操作</td></tr>
</table>

① 该部分培训内容与 2-3-3 的培训内容合在一起。

续表

2.1.3　四级 / 中级职业技能培训要求				2.2.3　四级 / 中级职业技能培训课程规范			
职业功能模块（模块）	培训内容（课程）	技能目标	培训细目	学习单元	课程内容	培训建议	课堂学时
2. 钢筋作业	2–3　钢筋安装	2–3–5　能进行箱型基础、箱梁等结构钢筋安装	（1）箱型基础钢筋安装 （2）箱梁钢筋安装	（8）箱型基础钢筋安装	箱型基础钢筋安装 ①安装顺序 ②安装要点 ③安装操作	（1）方法：讲授法、案例教学法、实训法 （2）重点与难点：箱型基础钢筋安装	2
				（9）箱梁钢筋安装	箱梁钢筋安装 ①安装顺序 ②安装要点 ③安装操作	（1）方法：讲授法、案例教学法、实训法 （2）重点与难点：箱梁钢筋安装	2
3. 施工检查	3–1　质量检查	3–1–1　能检查钢筋网片、骨架及常规连接节点施工质量	（1）钢筋网片施工质量检查 （2）钢筋骨架施工质量检查 （3）常规钢筋连接节点施工质量检查	（1）钢筋网片施工质量检查	钢筋网片施工质量检查 ①验收标准 ②检查方法 ③检查操作	（1）方法：讲授法、案例教学法 （2）重点与难点：钢筋网片施工质量检查	2
				（2）钢筋骨架施工质量检查	钢筋骨架施工质量检查 ①验收标准 ②检查方法 ③检查操作	（1）方法：讲授法、案例教学法 （2）重点与难点：钢筋骨架施工质量检查	2
				（3）钢筋连接节点施工质量检查	钢筋连接节点施工质量检查 ①验收标准 ②检查方法 ③检查操作	（1）方法：讲授法、案例教学法 （2）重点与难点：钢筋连接节点施工质量检查	2
		3–1–2　能检查预应力筋位置并采取控制措施	（1）预应力筋位置检查 （2）预应力筋位置控制	（4）预应力筋位置检查与控制	1）预应力筋位置检查 ①验收标准 ②检查方法 2）预应力筋位置控制措施	（1）方法：讲授法、案例教学法 （2）重点与难点：预应力筋位置控制措施	2

续表

2.1.3 四级 / 中级职业技能培训要求				2.2.3 四级 / 中级职业技能培训课程规范			
职业功能模块（模块）	培训内容（课程）	技能目标	培训细目	学习单元	课程内容	培训建议	课堂学时
3. 施工检查	3–1 质量检查	3–1–3 能进行预应力筋的自检	预应力筋自检	（5）预应力筋的自检	1）预应力筋自检内容及方法 2）预应力筋自检操作	（1）方法：讲授法、案例教学法 （2）重点与难点：预应力筋自检操作	2
		3–1–4 能进行钢筋安装质量互检	钢筋安装质量互检	（6）钢筋安装质量互检	1）钢筋安装质量互检内容及方法 2）钢筋安装质量互检操作	（1）方法：讲授法、案例教学法 （2）重点与难点：钢筋安装质量互检操作	2
		3–1–5 能防治钢筋施工质量缺陷	钢筋施工质量缺陷防治	（7）钢筋施工质量缺陷及防治	1）钢筋施工质量缺陷 2）钢筋施工质量缺陷防治措施	（1）方法：讲授法、案例教学法 （2）重点与难点：钢筋施工质量缺陷防治措施	2
	3–2 填写记录	3–2–1 能填写自检、互检、专检记录	（1）填写自检记录表 （2）填写互检记录表 （3）填写专检记录表	（1）自检记录表填写	1）“三检制”的有关规定 2）自检记录表的填写 ①自检记录表内容 ②自检记录表填写注意事项 ③填写自检记录表	（1）方法：讲授法、案例教学法 （2）重点与难点：自检记录表的填写	2
				（2）互检、专检记录表填写	互检、专检记录表的填写 ①互检、专检记录表内容 ②互检、专检记录表填写注意事项 ③填写互检、专检记录表	（1）方法：讲授法、案例教学法 （2）重点与难点：互检、专检记录表的填写	2
		3–2–2 能填写钢筋工程技术资料	（1）填写钢筋工程技术资料 （2）整理钢筋工程技术资料	（3）钢筋工程技术资料填写	1）钢筋工程技术资料内容 2）钢筋工程技术资料填写	（1）方法：讲授法、案例教学法 （2）重点与难点：钢筋工程技术资料填写	2
				（4）钢筋工程技术资料整理	1）钢筋工程技术资料整理规范 2）钢筋工程技术资料整理	（1）方法：讲授法、案例教学法 （2）重点与难点：钢筋工程技术资料整理	2
培训学时合计							140

附录 4　三级/高级职业技能培训要求与课程规范对照表

2.1.4　三级/高级职业技能培训要求				2.2.4　三级/高级职业技能培训课程规范			
职业功能模块（模块）	培训内容（课程）	技能目标	培训细目	学习单元	课程内容	培训建议	课堂学时
1．施工准备	1-1　识读图纸	1-1-1　能识读箱型基础、设备基础、牛腿柱、预应力屋架、预应力箱梁、组合结构、烟囱等复杂部位的结构施工图	（1）识读箱型基础结构施工图 （2）识读设备基础结构施工图 （3）识读牛腿柱结构施工图 （4）识读预应力屋架结构施工图 （5）识读预应力箱梁结构施工图 （6）识读组合结构施工图 （7）识读烟囱结构施工图 （8）识读其他复杂部位的结构施工图	（1）箱型基础结构施工图	1）箱型基础受力特征和配筋构造 2）箱型基础预埋管线、孔洞及构配件 3）箱型基础模板图、配筋图、预埋件及预留详图 4）箱型基础配筋错、碰、漏、缺等问题 5）箱型基础配筋疑难问题及重点部位	（1）方法：讲授法、案例教学法 （2）重点：箱型基础模板图、配筋图、预埋件及预留详图 （3）难点：箱型基础配筋错、碰、漏、缺等问题；箱型基础配筋疑难问题及重点部位	2
				（2）设备基础结构施工图	1）设备基础受力特征和配筋构造 2）设备基础预埋管线、孔洞及构配件 3）设备基础模板图、配筋图、预埋件及预留详图 4）设备基础配筋错、碰、漏、缺等问题 5）设备基础配筋疑难问题及重点部位	（1）方法：讲授法、案例教学法 （2）重点：设备基础模板图、配筋图、预埋件及预留详图 （3）难点：设备基础配筋错、碰、漏、缺等问题；设备基础配筋疑难问题及重点部位	2
				（3）牛腿柱结构施工图	1）牛腿柱受力特征和配筋构造 2）牛腿柱预埋管线、孔洞及构配件 3）牛腿柱模板图、配筋图、预埋件及预留详图 4）牛腿柱配筋错、碰、漏、缺等问题 5）牛腿柱配筋疑难问题及重点部位	（1）方法：讲授法、案例教学法 （2）重点：牛腿柱模板图、配筋图、预埋件及预留详图 （3）难点：牛腿柱配筋错、碰、漏、缺等问题；牛腿柱配筋疑难问题及重点部位	2

续表

2.1.4 三级 / 高级职业技能培训要求				2.2.4 三级 / 高级职业技能培训课程规范			
职业功能模块（模块）	培训内容（课程）	技能目标	培训细目	学习单元	课程内容	培训建议	课堂学时
1. 施工准备	1-1 识读图纸	1-1-1 能识读箱型基础、设备基础、牛腿柱、预应力屋架、预应力箱梁、组合结构、烟囱等复杂部位的结构施工图	（1）识读箱型基础结构施工图 （2）识读设备基础结构施工图 （3）识读牛腿柱结构施工图 （4）识读预应力屋架结构施工图 （5）识读预应力箱梁结构施工图 （6）识读组合结构施工图 （7）识读烟囱结构施工图 （8）识读其他复杂部位的结构施工图	（4）预应力屋架结构施工图	1）预应力屋架受力特征和配筋构造	（1）方法：讲授法、案例教学法 （2）重点：预应力屋架模板图、配筋图、预埋件及预留详图 （3）难点：预应力屋架配筋错、碰、漏、缺等问题；预应力屋架配筋疑难问题及重点部位	2
					2）预应力屋架预埋管线、孔洞及构配件		
					3）预应力屋架模板图、配筋图、预埋件及预留详图		
					4）预应力屋架配筋错、碰、漏、缺等问题		
					5）预应力屋架配筋疑难问题及重点部位		
		1-1-2 能发现配筋的错、碰、漏、缺等问题，并能找出配筋的疑难问题及重点部位	综合识读复杂部位模板图、配筋图、预埋件及预留详图	（5）预应力箱梁结构施工图	1）预应力箱梁受力特征和配筋构造	（1）方法：讲授法、案例教学法 （2）重点：预应力箱梁模板图、配筋图、预埋件及预留详图 （3）难点：预应力箱梁配筋错、碰、漏、缺等问题；预应力箱梁配筋疑难问题及重点部位	2
					2）预应力箱梁预埋管线、孔洞及构配件		
					3）预应力箱梁模板图、配筋图、预埋件及预留详图		
					4）预应力箱梁配筋错、碰、漏、缺等问题		
					5）预应力箱梁配筋疑难问题及重点部位		

续表

2.1.4 三级 / 高级职业技能培训要求				2.2.4 三级 / 高级职业技能培训课程规范			
职业功能模块（模块）	培训内容（课程）	技能目标	培训细目	学习单元	课程内容	培训建议	课堂学时
1. 施工准备	1–1 识读图纸	1–1–2 能发现配筋的错、碰、漏、缺等问题，并能找出配筋的疑难问题及重点部位	综合识读复杂部位模板图、配筋图、预埋件及预留详图	（6）组合结构施工图	1）组合结构受力特征和配筋构造 2）组合结构预埋管线、孔洞及构配件 3）组合结构模板图、配筋图、预埋件及预留详图 4）组合结构配筋错、碰、漏、缺等问题 5）组合结构配筋疑难问题及重点部位	（1）方法：讲授法、案例教学法 （2）重点：组合结构模板图、配筋图、预埋件及预留详图 （3）难点：组合结构配筋错、碰、漏、缺等问题；组合结构配筋疑难问题及重点部位	2
				（7）烟囱结构施工图	1）烟囱受力特征和配筋构造 2）烟囱预埋管线、孔洞及构配件 3）烟囱模板图、配筋图、预埋件及预留详图 4）烟囱配筋错、碰、漏、缺等问题 5）烟囱配筋疑难问题及重点部位	（1）方法：讲授法、案例教学法 （2）重点：烟囱模板图、配筋图、预埋件及预留详图 （3）难点：烟囱配筋错、碰、漏、缺等问题；烟囱配筋疑难问题及重点部位	2
				（8）其他复杂部位结构施工图	1）其他复杂部位受力特征和配筋构造 2）其他复杂部位预埋管线、孔洞及构配件 3）其他复杂部位模板图、配筋图、预埋件及预留详图 4）其他复杂部位配筋错、碰、漏、缺等问题 5）其他复杂部位配筋疑难问题及重点部位	（1）方法：讲授法、案例教学法 （2）重点：其他复杂部位模板图、配筋图、预埋件及预留详图 （3）难点：其他复杂部位配筋错、碰、漏、缺等问题；其他复杂部位配筋疑难问题及重点部位	2

续表

2.1.4 三级/高级职业技能培训要求				2.2.4 三级/高级职业技能培训课程规范			
职业功能模块（模块）	培训内容（课程）	技能目标	培训细目	学习单元	课程内容	培训建议	课堂学时
1．施工准备	1-1 识读图纸	1-1-3 能识读筒体、束筒、框剪、壳体等空间异形结构及装配式结构施工图	（1）识读筒体结构施工图 （2）识读束筒结构施工图 （3）识读框剪结构施工图 （4）识读壳体结构施工图 （5）识读装配式结构施工图	（9）筒体结构施工图	1）筒体结构受力特征和配筋构造 2）筒体结构预埋管线、孔洞及构配件 3）筒体结构模板图、配筋图、预埋件及预留详图	（1）方法：讲授法、案例教学法 （2）重点：筒体结构受力特征和配筋构造 （3）难点：筒体结构模板图、配筋图、预埋件及预留详图	2
				（10）束筒结构施工图	1）束筒结构受力特征和配筋构造 2）束筒结构预埋管线、孔洞及构配件 3）束筒结构模板图、配筋图、预埋件及件预留详图	（1）方法：讲授法、案例教学法 （2）重点：束筒结构受力特征和配筋构造 （3）难点：束筒结构模板图、配筋图、预埋件及预留详图	2
				（11）框剪结构施工图	1）框剪结构受力特征和配筋构造 2）框剪结构预埋管线、孔洞及构配件 3）框剪结构模板图、配筋图、预埋件及预留详图	（1）方法：讲授法、案例教学法 （2）重点：框剪结构受力特征和配筋构造 （3）难点：框剪结构模板图、配筋图、预埋件及预留详图	2
				（12）壳体结构施工图	1）壳体结构受力特征和配筋构造 2）壳体结构预埋管线、孔洞及构配件 3）壳体结构模板图、配筋图、预埋件及预留详图	（1）方法：讲授法、案例教学法 （2）重点：壳体结构受力特征和配筋构造 （3）难点：壳体结构模板图、配筋图、预埋件及预留详图	2

续表

2.1.4 三级 / 高级职业技能培训要求				2.2.4 三级 / 高级职业技能培训课程规范			
职业功能模块（模块）	培训内容（课程）	技能目标	培训细目	学习单元	课程内容	培训建议	课堂学时
1．施工准备	1-1 识读图纸	1-1-3 能识读筒体、束筒、框剪、壳体等空间异形结构及装配式结构施工图	（1）识读筒体结构施工图 （2）识读束筒结构施工图 （3）识读框剪结构施工图 （4）识读壳体结构施工图 （5）识读装配式结构施工图	（13）装配式结构施工图	1）装配式结构受力特征和配筋构造 2）装配式结构预埋管线、孔洞及构配件 3）装配式结构模板图、配筋图、预埋件及预留详图	（1）方法：讲授法、案例教学法 （2）重点：装配式结构受力特征和配筋构造 （3）难点：装配式结构模板图、配筋图、预埋件及预留详图	2
	1-2 编制方案	1-2-1 能编制常见钢筋工程施工方案、专项施工方案和质量、安全技术交底	（1）编制常见钢筋工程施工方案 （2）编制钢筋工程专项施工方案 （3）编制质量、安全技术交底	（1）钢筋工程施工方案	1）施工方案的组成 2）施工方案的编制方法 3）常见钢筋工程施工方案案例	（1）方法：讲授法、案例教学法 （2）重点与难点：施工方案的编制方法	2
				（2）钢筋工程专项施工方案	1）钢筋工程专项施工方案的组成 2）钢筋工程专项施工方案的编制方法 3）常见钢筋工程专项施工方案案例	（1）方法：讲授法、案例教学法 （2）重点与难点：钢筋工程专项施工方案的编制方法	2
				（3）质量、安全技术交底	1）质量、安全技术交底内容 2）质量、安全技术交底编制方法 3）质量、安全技术交底案例	（1）方法：讲授法、案例教学法 （2）重点与难点：质量、安全技术交底内容	2
		1-2-2 能编制班组施工作业计划	（1）编制班组作业进度计划 （2）编制班组作业材料计划 （3）编制班组作业质量控制方案	（4）班组作业进度计划	1）工程施工组织方式与流水施工 2）班组作业进度计划内容及编制方法 3）班组作业进度计划案例	（1）方法：讲授法、案例教学法 （2）重点：班组作业进度计划内容及编制方法 （3）难点：工程施工组织方式与流水施工	2

续表

<table>
<tr><th colspan="4">2.1.4　三级 / 高级职业技能培训要求</th><th colspan="4">2.2.4　三级 / 高级职业技能培训课程规范</th></tr>
<tr><th>职业功能模块（模块）</th><th>培训内容（课程）</th><th>技能目标</th><th>培训细目</th><th>学习单元</th><th>课程内容</th><th>培训建议</th><th>课堂学时</th></tr>
<tr><td rowspan="11">1．施工准备</td><td rowspan="11">1-2　编制方案</td><td rowspan="7">1-2-2　能编制班组施工作业计划</td><td rowspan="7">（1）编制班组作业进度计划
（2）编制班组作业材料计划
（3）编制班组作业质量控制方案</td><td rowspan="4">（5）班组作业材料计划</td><td>1）施工定额</td><td rowspan="4">（1）方法：讲授法、案例教学法
（2）重点：班组作业材料计划内容及编制方法
（3）难点：人工定额、材料消耗定额和机械定额</td><td rowspan="4">2</td></tr>
<tr><td>2）人工定额、材料消耗定额和机械定额</td></tr>
<tr><td>3）班组作业材料计划内容及编制方法</td></tr>
<tr><td>4）班组作业材料计划案例</td></tr>
<tr><td rowspan="3">（6）班组作业质量控制方案</td><td>1）质量管理目标、原则与控制方法</td><td rowspan="3">（1）方法：讲授法、案例教学法
（2）重点：班组作业质量控制方案内容及编制方法
（3）难点：质量管理目标、原则与控制方法</td><td rowspan="3">2</td></tr>
<tr><td>2）班组作业质量控制方案内容及编制方法</td></tr>
<tr><td>3）班组作业质量控制方案案例</td></tr>
<tr><td rowspan="4">1-2-3　能编制一般预应力施工方案</td><td rowspan="4">（1）编制预应力钢筋的加工制作方案
（2）编制预应力施工工艺方案
（3）编制预应力施工质量控制方案</td><td rowspan="4">（7）一般预应力施工方案</td><td>1）一般预应力钢筋加工制作方案编制</td><td rowspan="4">（1）方法：讲授法、案例教学法
（2）重点与难点：一般预应力施工工艺方案编制</td><td rowspan="4">2</td></tr>
<tr><td>2）一般预应力施工工艺方案编制</td></tr>
<tr><td>3）一般预应力施工质量控制方案</td></tr>
<tr><td>4）一般预应力施工方案案例</td></tr>
</table>

续表

2.1.4 三级 / 高级职业技能培训要求				2.2.4 三级 / 高级职业技能培训课程规范			
职业功能模块（模块）	培训内容（课程）	技能目标	培训细目	学习单元	课程内容	培训建议	课堂学时
1．施工准备	1-3 编制配料单	1-3-1 能对复杂构件进行钢筋翻样，并编制钢筋配料单	（1）编制箱型基础、设备基础、牛腿柱钢筋配料单 （2）编制预应力屋架、预应力箱梁钢筋配料单 （3）编制组合结构及其他复杂构件钢筋配料单	（1）箱型基础钢筋配料单	1）箱型基础配筋特点 2）箱型基础构造特点 3）箱型基础钢筋翻样 4）箱型基础钢筋配料单案例	（1）方法：讲授法、案例教学法 （2）重点与难点：箱型基础钢筋翻样	2
				（2）设备基础钢筋配料单	1）设备基础配筋特点 2）设备基础构造特点 3）设备基础钢筋翻样 4）设备基础钢筋配料单案例	（1）方法：讲授法、案例教学法 （2）重点与难点：设备基础钢筋翻样	1
				（3）牛腿柱钢筋配料单	1）牛腿柱配筋特点 2）牛腿柱构造特点 3）牛腿柱钢筋翻样 4）牛腿柱钢筋配料单案例	（1）方法：讲授法、案例教学法 （2）重点与难点：牛腿柱钢筋翻样	1
				（4）预应力屋架钢筋配料单	1）预应力屋架配筋特点 2）预应力屋架构造特点 3）预应力屋架钢筋翻样 4）预应力屋架钢筋配料单案例	（1）方法：讲授法、案例教学法 （2）重点与难点：预应力屋架钢筋翻样	1
				（5）预应力箱梁钢筋配料单	1）预应力箱梁配筋特点 2）预应力箱梁构造特点 3）预应力箱梁钢筋翻样 4）预应力箱梁钢筋配料单案例	（1）方法：讲授法、案例教学法 （2）重点与难点：预应力箱梁钢筋翻样	1

续表

2.1.4　三级 / 高级职业技能培训要求				2.2.4　三级 / 高级职业技能培训课程规范			
职业功能模块（模块）	培训内容（课程）	技能目标	培训细目	学习单元	课程内容	培训建议	课堂学时
1. 施工准备	1-3　编制配料单	1-3-1　能对复杂构件进行钢筋翻样，并编制钢筋配料单	（1）编制箱型基础、设备基础、牛腿柱钢筋配料单 （2）编制预应力屋架、预应力箱梁钢筋配料单 （3）编制组合结构及其他复杂构件钢筋配料单	（6）组合结构钢筋配料单	1）组合结构配筋特点 2）组合结构构造特点 3）组合结构钢筋翻样 4）组合结构钢筋配料单案例	（1）方法：讲授法、案例教学法 （2）重点与难点：组合结构钢筋翻样	1
				（7）其他复杂构件钢筋配料单	1）其他复杂构件配筋特点 2）其他复杂构件构造特点 3）其他复杂构件钢筋翻样 4）其他复杂构件钢筋配料单案例	（1）方法：讲授法、案例教学法 （2）重点与难点：其他复杂构件钢筋翻样	1
		1-3-2　能对烟囱、水塔等特殊构筑物进行钢筋翻样，并编制配料单	（1）编制烟囱钢筋配料单 （2）编制水塔钢筋配料单	（8）烟囱钢筋配料单	1）烟囱配筋特点 2）烟囱构造特点 3）烟囱钢筋翻样 4）烟囱钢筋配料单案例	（1）方法：讲授法、案例教学法 （2）重点与难点：烟囱钢筋翻样	1
				（9）水塔钢筋配料单	1）水塔配筋特点 2）水塔构造特点 3）水塔钢筋翻样 4）水塔钢筋配料单案例	（1）方法：讲授法、案例教学法 （2）重点与难点：水塔钢筋翻样	1
		1-3-3　能利用计算机技术进行翻样，并编制配料单	利用计算机技术进行翻样，并编制配料单	（10）利用计算机技术翻样和编制配料单	1）利用计算机技术翻样辅助软件 2）利用计算机技术编制配料单辅助软件 3）利用计算机技术翻样案例 4）利用计算机技术编制配料单案例	（1）方法：讲授法、案例教学法 （2）重点与难点：利用计算机技术编制配料单案例	2

续表

2.1.4　三级 / 高级职业技能培训要求				2.2.4　三级 / 高级职业技能培训课程规范			
职业功能模块（模块）	培训内容（课程）	技能目标	培训细目	学习单元	课程内容	培训建议	课堂学时
1．施工准备	1-3　编制配料单	1-3-4　能编制预应力筋及附件配料单	（1）编制预应力筋配料单 （2）编制预应力筋附件配料单	（11）预应力筋及附件配料单	1）预应力筋翻样 2）预应力筋附件钢筋翻样 3）预应力筋及附件配料单案例	（1）方法：讲授法、案例教学法 （2）重点与难点：预应力筋翻样	2
2．钢筋作业	2-1　钢筋连接	2-1-1　能进行大型预制构件连接	进行大型预制构件连接	（1）大型预制构件连接	1）大型预制构件连接工艺与要求 2）大型预制构件连接案例	（1）方法：讲授法、案例教学法 （2）重点与难点：大型预制构件连接工艺与要求	2
2．钢筋作业	2-1　钢筋连接	2-1-2　能进行套筒灌浆、滚轧直螺纹、熔融金属充填接头连接	（1）进行套筒灌浆连接 （2）进行滚轧直螺纹连接 （3）进行熔融金属充填接头连接	（2）套筒灌浆连接	1）套筒灌浆连接工艺与要求 2）套筒灌浆连接案例	（1）方法：讲授法、案例教学法 （2）重点与难点：套筒灌浆连接工艺与要求	2
2．钢筋作业	2-1　钢筋连接	2-1-2　能进行套筒灌浆、滚轧直螺纹、熔融金属充填接头连接	（1）进行套筒灌浆连接 （2）进行滚轧直螺纹连接 （3）进行熔融金属充填接头连接	（3）滚轧直螺纹连接	1）滚轧直螺纹连接工艺与要求 2）滚轧直螺纹连接案例	（1）方法：讲授法、案例教学法 （2）重点与难点：滚轧直螺纹连接工艺与要求	2
2．钢筋作业	2-1　钢筋连接	2-1-2　能进行套筒灌浆、滚轧直螺纹、熔融金属充填接头连接	（1）进行套筒灌浆连接 （2）进行滚轧直螺纹连接 （3）进行熔融金属充填接头连接	（4）熔融金属充填接头连接	1）熔融金属充填接头连接工艺与要求 2）熔融金属充填接头连接案例	（1）方法：讲授法、案例教学法 （2）重点与难点：熔融金属充填接头连接工艺与要求	1
2．钢筋作业	2-1　钢筋连接	2-1-3　能采用新型技术进行连接	采用新型技术进行连接	（5）新型连接技术	1）新型连接技术工艺与要求 2）新型连接技术案例	（1）方法：讲授法、案例教学法 （2）重点与难点：新型连接技术工艺与要求	1

续表

<table>
<tr><th colspan="4">2.1.4　三级 / 高级职业技能培训要求</th><th colspan="4">2.2.4　三级 / 高级职业技能培训课程规范</th></tr>
<tr><th>职业功能模块（模块）</th><th>培训内容（课程）</th><th>技能目标</th><th>培训细目</th><th>学习单元</th><th>课程内容</th><th>培训建议</th><th>课堂学时</th></tr>
<tr><td rowspan="19">2．钢筋作业</td><td rowspan="19">2-2　钢筋安装</td><td rowspan="8">2-2-1　能进行复杂结构、构件的钢筋安装</td><td rowspan="8">（1）安装复杂结构钢筋
（2）安装复杂构件钢筋</td><td rowspan="8">（1）复杂结构、构件的钢筋安装</td><td>1）钢筋安装工种的配合作业要求</td><td rowspan="8">（1）方法：讲授法、案例教学法
（2）重点与难点：箱型基础钢筋安装、设备基础钢筋安装、牛腿柱钢筋安装、预应力屋架钢筋安装、预应力箱梁钢筋安装、组合结构钢筋安装</td><td rowspan="8">6</td></tr>
<tr><td>2）箱型基础钢筋安装</td></tr>
<tr><td>3）设备基础钢筋安装</td></tr>
<tr><td>4）牛腿柱钢筋安装</td></tr>
<tr><td>5）预应力屋架钢筋安装</td></tr>
<tr><td>6）预应力箱梁钢筋安装</td></tr>
<tr><td>7）组合结构钢筋安装</td></tr>
<tr><td>8）其他复杂结构、构件钢筋安装</td></tr>
<tr><td rowspan="3">2-2-2　能进行烟囱、水塔等特殊构筑物的钢筋安装</td><td rowspan="3">（1）安装烟囱钢筋
（2）安装水塔钢筋
（3）安装其他特殊构筑物的钢筋</td><td rowspan="3">（2）特殊构筑物的钢筋安装</td><td>1）烟囱钢筋安装</td><td rowspan="3">（1）方法：讲授法、案例教学法
（2）重点与难点：烟囱钢筋安装、水塔钢筋安装</td><td rowspan="3">4</td></tr>
<tr><td>2）水塔钢筋安装</td></tr>
<tr><td>3）其他特殊构筑物的钢筋安装</td></tr>
<tr><td rowspan="8">2-2-3　能进行竖向、环形等非常规预应力筋配料与安装</td><td rowspan="8">（1）进行竖向预应力筋配料与安装
（2）进行环形预应力筋配料与安装
（3）进行其他非常规预应力筋配料与安装</td><td rowspan="3">（3）电热张拉法施工</td><td>1）电热张拉法施工工艺</td><td rowspan="3">（1）方法：讲授法、案例教学法
（2）重点与难点：电热张拉法施工工艺</td><td rowspan="3">2</td></tr>
<tr><td>2）电热张拉法施工安全注意事项</td></tr>
<tr><td>3）电热张拉法施工案例</td></tr>
<tr><td rowspan="5">（4）非常规预应力筋配料与安装</td><td>1）竖向预应力筋配料</td><td rowspan="5">（1）方法：讲授法、案例教学法
（2）重点与难点：竖向预应力筋配料、竖向预应力筋安装、环形预应力筋配料、环形预应力筋安装</td><td rowspan="5">4</td></tr>
<tr><td>2）竖向预应力筋安装</td></tr>
<tr><td>3）环形预应力筋配料</td></tr>
<tr><td>4）环形预应力筋安装</td></tr>
<tr><td>5）其他非常规预应力筋配料与安装</td></tr>
</table>

续表

2.1.4 三级/高级职业技能培训要求				2.2.4 三级/高级职业技能培训课程规范			
职业功能模块(模块)	培训内容(课程)	技能目标	培训细目	学习单元	课程内容	培训建议	课堂学时
3．施工检查	3-1 质量检查	3-1-1 能进行钢筋施工交接检查	(1)进行钢筋施工交接检查 (2)进行钢筋安装隐蔽验收	(1)钢筋质量检查	1)质量“三检制”的工作方法与步骤	(1)方法：讲授法、案例教学法 (2)重点：质量“三检制”的工作方法与步骤 (3)难点：钢筋施工交接检查、钢筋安装隐蔽验收	2
					2)钢筋施工交接检查 ①内容 ②方法 ③步骤		
					3)钢筋安装隐蔽验收 ①内容 ②方法 ③步骤		
		3-1-2 能跟踪检查复杂结构、构件、部位的钢筋安装质量	(1)跟踪检查复杂结构钢筋安装质量 (2)跟踪检查复杂构件钢筋安装质量 (3)跟踪检查复杂部位钢筋安装质量	(2)钢筋安装质量跟踪检查	1)复杂结构钢筋安装质量跟踪检查 ①内容 ②方法 ③步骤	(1)方法：讲授法、案例教学法 (2)重点与难点：复杂结构钢筋安装质量跟踪检查	4
					2)复杂构件钢筋安装质理跟踪检查 ①内容 ②方法 ③步骤		
					3)复杂部位钢筋安装质量跟踪检查 ①内容 ②方法 ③步骤		
		3-1-3 能对安装中一般质量问题的处理结果进行复核和监督检查	(1)复核质量问题的处理结果 (2)监督检查质量问题的处理结果	(3)安装质量问题处理结果的复核和监督检查	1)钢筋安装质量问题处理结果的复核 ①内容 ②方法 ③步骤	(1)方法：讲授法、案例教学法 (2)重点与难点：钢筋安装质量问题处理结果的复核	2
					2)钢筋安装质量问题处理结果的监督检查 ①内容 ②方法 ③步骤		

续表

2.1.4 三级 / 高级职业技能培训要求				2.2.4 三级 / 高级职业技能培训课程规范			
职业功能模块（模块）	培训内容（课程）	技能目标	培训细目	学习单元	课程内容	培训建议	课堂学时
3．施工检查	3-2 问题处理	3-2-1 能针对施工中遇到的钢筋安装质量问题提出处理措施	（1）检查普通钢筋安装质量 （2）处理普通钢筋安装质量问题	（1）普通钢筋施工中安装质量问题处理	1）普通钢筋施工中安装质量问题处理程序	（1）方法：讲授法、案例教学法 （2）重点与难点：普通钢筋施工中安装常见质量问题及处理	2
					2）普通钢筋施工中安装质量检验项目及要求		
					3）普通钢筋施工中安装常见质量问题及处理		
		3-2-2 能对预应力施工中的质量缺陷进行处理	处理预应力施工质量缺陷	（2）预应力施工质量缺陷处理	1）预应力施工常见质量缺陷	（1）方法：讲授法、案例教学法 （2）重点与难点：预应力施工质量缺陷的预防及处理方法	2
					2）预应力施工质量缺陷的产生原因及检查方法		
					3）预应力施工质量缺陷的预防及处理方法		
4．指导施工	4-1 组织施工	4-1-1 能对施工难点、重点、控制点进行指导	（1）指导钢筋难点施工 （2）指导钢筋重点施工 （3）指导钢筋控制点施工	（1）难点、重点、控制点施工的指导	1）钢筋施工难点及操作要领	（1）方法：讲授法、案例教学法 （2）重点与难点：钢筋施工难点及操作要领、钢筋施工重点及操作要领、钢筋施工控制点及操作要领	2
					2）钢筋施工重点及操作要领		
					3）钢筋施工控制点及操作要领		
		4-1-2 能应用新技术、新工艺、新材料、新设备进行施工指导	（1）指导新技术施工 （2）指导新工艺施工 （3）指导新材料施工 （4）指导新设备施工	（2）“四新技术”的应用	1）“四新技术”及适用条件	（1）方法：讲授法、案例教学法 （2）重点与难点：“四新技术”的操作工艺	4
					2）“四新技术”的操作工艺		

续表

<table>
<tr><th colspan="4">2.1.4　三级 / 高级职业技能培训要求</th><th colspan="4">2.2.4　三级 / 高级职业技能培训课程规范</th></tr>
<tr><th>职业功能模块（模块）</th><th>培训内容（课程）</th><th>技能目标</th><th>培训细目</th><th>学习单元</th><th>课程内容</th><th>培训建议</th><th>课堂学时</th></tr>
<tr><td rowspan="7">4．指导施工</td><td rowspan="7">4–2　技术培训</td><td rowspan="3">4–2–1　能编写五级 / 初级工、四级 / 中级工的培训资料</td><td rowspan="3">（1）编写五级 / 初级工培训资料
（2）编写四级 / 中级工培训资料</td><td rowspan="3">（1）编写五级 / 初级工、四级 / 中级工培训资料</td><td>1）钢筋工培训要求</td><td rowspan="3">（1）方法：讲授法、案例教学法
（2）重点与难点：五级 / 初级工培训的工作内容和技能要求，四级 / 中级工培训的工作内容和技能要求</td><td rowspan="3">2</td></tr>
<tr><td>2）五级 / 初级工培训的工作内容和技能要求</td></tr>
<tr><td>3）四级 / 中级工培训的工作内容和技能要求</td></tr>
<tr><td rowspan="4">4–2–2　能培训五级 / 初级工、四级 / 中级工</td><td rowspan="4">（1）培训五级 / 初级工
（2）培训四级 / 中级工</td><td rowspan="4">（2）五级 / 初级工、四级 / 中级工培训</td><td>1）培训教案的编制</td><td rowspan="4">（1）方法：讲授法、案例教学法
（2）重点与难点：培训教学方法</td><td rowspan="4">2</td></tr>
<tr><td>2）培训教学案例</td></tr>
<tr><td>3）培训环节与注意事项</td></tr>
<tr><td>4）培训教学方法</td></tr>
<tr><td colspan="7">培训学时合计</td><td>100</td></tr>
</table>

附录 5　二级 / 技师职业技能培训要求与课程规范对照表

<table>
<tr><th colspan="4">2.1.5　二级 / 技师职业技能培训要求</th><th colspan="4">2.2.5　二级 / 技师职业技能培训课程规范</th></tr>
<tr><th>职业功能模块（模块）</th><th>培训内容（课程）</th><th>技能目标</th><th>培训细目</th><th>学习单元</th><th>课程内容</th><th>培训建议</th><th>课堂学时</th></tr>
<tr><td rowspan="6">1．施工管理</td><td rowspan="6">1–1　核对图纸</td><td rowspan="6">1–1–1　能核对异形结构、空间结构等特殊工程的配筋施工图</td><td rowspan="3">（1）核对异形结构的配筋施工图</td><td rowspan="3">（1）异形结构配筋施工图</td><td>1）异形结构典型施工技术</td><td rowspan="3">（1）方法：讲授法、案例教学法
（2）重点与难点：异形结构配筋施工图核对</td><td rowspan="3">4</td></tr>
<tr><td>2）异形结构配筋施工图识读</td></tr>
<tr><td>3）异形结构配筋施工图核对</td></tr>
<tr><td rowspan="3">（2）核对空间结构的配筋施工图</td><td rowspan="3">（2）空间结构配筋施工图</td><td>1）空间结构典型施工技术</td><td rowspan="3">（1）方法：讲授法、演示法、案例教学法
（2）重点与难点：空间结构配筋施工图核对</td><td rowspan="3">4</td></tr>
<tr><td>2）空间结构配筋施工图识读</td></tr>
<tr><td>3）空间结构配筋施工图核对</td></tr>
</table>

续表

<table>
<tr><th colspan="4">2.1.5 二级 / 技师职业技能培训要求</th><th colspan="4">2.2.5 二级 / 技师职业技能培训课程规范</th></tr>
<tr><th>职业功能模块（模块）</th><th>培训内容（课程）</th><th>技能目标</th><th>培训细目</th><th>学习单元</th><th>课程内容</th><th>培训建议</th><th>课堂学时</th></tr>
<tr><td rowspan="16">1. 施工管理</td><td rowspan="16">1-1 核对图纸</td><td rowspan="8">1-1-2 对钢筋选型、配筋方式、构造做法等提出合理化建议</td><td rowspan="4">（1）异形结构合理化建议</td><td rowspan="4">（3）异形结构图纸合理化建议</td><td>1）异形结构钢筋选型</td><td rowspan="4">（1）方法：讲授法、案例教学法
（2）重点与难点：异形结构常用合理化建议</td><td rowspan="4">6</td></tr>
<tr><td>2）异形结构配筋方式</td></tr>
<tr><td>3）异型结构构造做法</td></tr>
<tr><td>4）异形结构常用合理化建议</td></tr>
<tr><td rowspan="4">（2）空间结构合理化建议</td><td rowspan="4">（4）空间结构图纸合理化建议</td><td>1）空间结构钢筋选型</td><td rowspan="4">（1）方法：讲授法、实训法、案例教学法
（2）重点与难点：空间结构常用合理化建议</td><td rowspan="4">6</td></tr>
<tr><td>2）空间结构配筋方式</td></tr>
<tr><td>3）空间结构构造做法</td></tr>
<tr><td>4）空间结构常用合理化建议</td></tr>
<tr><td rowspan="8">1-1-3 能对建筑、结构、安装图纸进行专业对照</td><td rowspan="4">（1）异形结构的建筑、结构、安装图纸专业对照</td><td rowspan="4">（5）异形结构建筑、结构、安装图纸综合识读</td><td>1）异形结构建筑施工图识读</td><td rowspan="4">（1）方法：讲授法、实训法、案例教学法
（2）重点与难点：异形结构图纸综合识读</td><td rowspan="4">4</td></tr>
<tr><td>2）异形结构结构施工图识读</td></tr>
<tr><td>3）异形结构安装施工图识读</td></tr>
<tr><td>4）异形结构图纸综合识读</td></tr>
<tr><td rowspan="4">（2）空间结构的建筑、结构、安装图纸专业对照</td><td rowspan="4">（6）空间结构建筑、结构、安装图纸综合识读</td><td>1）空间结构建筑施工图识读</td><td rowspan="4">（1）方法：讲授法、实训法、案例教学法
（2）重点与难点：空间结构图纸综合识读</td><td rowspan="4">4</td></tr>
<tr><td>2）空间结构结构施工图识读</td></tr>
<tr><td>3）空间结构安装施工图识读</td></tr>
<tr><td>4）空间结构图纸综合识读</td></tr>
</table>

续表

2.1.5 二级 / 技师职业技能培训要求				2.2.5 二级 / 技师职业技能培训课程规范			
职业功能模块（模块）	培训内容（课程）	技能目标	培训细目	学习单元	课程内容	培训建议	课堂学时
1. 施工管理	1-2 编制方案	1-2-1 能编制异形结构、空间结构等特殊工程的钢筋工程施工方案	（1）编制异形结构的钢筋工程施工方案	（1）异形结构钢筋工程施工方案	1）网络计划	（1）方法：讲授法、实训法、案例教学法 （2）重点与难点：异形结构钢筋工程施工方案主要内容和编制方法	6
					2）异形结构钢筋工程施工方案主要内容和编制方法		
					3）异形结构钢筋工程施工方案案例		
			（2）编制空间结构的钢筋工程施工方案	（2）空间结构钢筋工程施工方案	1）空间结构钢筋工程施工方案主要内容和编制方法	（1）方法：讲授法、演示法、实训法、案例教学法 （2）重点与难点：空间结构钢筋工程施工方案主要内容和编制方法	2
					2）空间结构钢筋工程施工方案案例		
		1-2-2 能编制双向曲线预应力和整体预应力等复杂预应力施工方案	（1）编制双向曲线预应力施工方案	（3）双向曲线预应力施工方案	1）双向曲线预应力施工工艺流程 ①先张法 ②后张法	（1）方法：讲授法、演示法、实训法、案例教学法 （2）重点与难点：双向曲线预应力施工方案内容和编制方法	6
					2）双向曲线预应力施工方案内容和编制方法		
					3）双向曲线预应力施工方案案例		
			（2）编制整体预应力施工方案	（4）整体预应力施工方案	1）整体预应力施工工艺流程	（1）方法：讲授法、演示法、实训法、案例教学法 （2）重点与难点：整体预应力施工方案内容和编制方法	4
					2）整体预应力施工方案内容和编制方法		
					3）整体预应力施工方案案例		
		1-2-3 能核算钢筋工程成本	核算钢筋工程成本	（5）钢筋工程成本的核算	1）钢筋工程成本核算的内容	（1）方法：讲授法、案例教学法 （2）重点与难点：钢筋工程成本核算方法	2
					2）钢筋工程成本核算方法		
					3）钢筋工程成本核算案例		

续表

<table>
<tr><th colspan="4">2.1.5　二级 / 技师职业技能培训要求</th><th colspan="4">2.2.5　二级 / 技师职业技能培训课程规范</th></tr>
<tr><th>职业功能模块（模块）</th><th>培训内容（课程）</th><th>技能目标</th><th>培训细目</th><th>学习单元</th><th>课程内容</th><th>培训建议</th><th>课堂学时</th></tr>
<tr><td rowspan="13">1. 施工管理</td><td rowspan="13">1-3　质量、安全管理</td><td rowspan="5">1-3-1　能提出特殊钢筋工程质量控制措施</td><td rowspan="3">（1）提出异形结构钢筋工程质量控制措施</td><td rowspan="3">（1）异形结构钢筋工程质量控制</td><td>1）钢筋工程质量管理要求</td><td rowspan="3">（1）方法：讲授法、案例教学法
（2）重点与难点：异形结构钢筋工程质量管理内容；异形结构钢筋工程质量控制措施</td><td rowspan="3">4</td></tr>
<tr><td>2）异形结构钢筋工程质量管理内容</td></tr>
<tr><td>3）异形结构钢筋工程质量控制措施</td></tr>
<tr><td rowspan="2">（2）提出空间结构钢筋工程质量控制措施</td><td rowspan="2">（2）空间结构钢筋工程质量控制</td><td>1）空间结构钢筋工程质量管理内容</td><td rowspan="2">（1）方法：讲授法、案例教学法
（2）重点与难点：空间结构钢筋工程质量管理内容；空间结构钢筋工程质量控制措施</td><td rowspan="2">4</td></tr>
<tr><td>2）空间结构钢筋工程质量控制措施</td></tr>
<tr><td rowspan="6">1-3-2　能提出一般预应力施工的质量、安全措施</td><td rowspan="2">（1）提出一般预应力施工的质量控制措施</td><td rowspan="2">（3）一般预应力施工的质量措施</td><td>1）一般预应力施工的质量管理内容</td><td rowspan="2">（1）方法：讲授法、案例教学法
（2）重点与难点：一般预应力施工的质量管理内容；一般预应力施工的质量控制措施</td><td rowspan="2">4</td></tr>
<tr><td>2）一般预应力施工的质量控制措施</td></tr>
<tr><td rowspan="4">（2）提出一般预应力施工的安全控制措施</td><td rowspan="4">（4）一般预应力施工的安全措施</td><td>1）钢筋工程安全生产管理要求</td><td rowspan="4">（1）方法：讲授法、案例教学法
（2）重点与难点：一般预应力施工的安全管理内容；一般预应力施工的安全控制措施</td><td rowspan="4">4</td></tr>
<tr><td>2）钢筋工程文明施工管理要求</td></tr>
<tr><td>3）一般预应力施工的安全管理内容</td></tr>
<tr><td>4）一般预应力施工的安全控制措施</td></tr>
</table>

续表

<table>
<tr><th colspan="4">2.1.5　二级 / 技师职业技能培训要求</th><th colspan="4">2.2.5　二级 / 技师职业技能培训课程规范</th></tr>
<tr><th>职业功能模块（模块）</th><th>培训内容（课程）</th><th>技能目标</th><th>培训细目</th><th>学习单元</th><th>课程内容</th><th>培训建议</th><th>课堂学时</th></tr>
<tr><td rowspan="5">1. 施工管理</td><td rowspan="5">1-3　质量、安全管理</td><td rowspan="5">1-3-3　能提出特殊钢筋工程质量、安全控制点，并提出预控措施</td><td rowspan="3">（1）提出特殊钢筋工程质量控制点及预控措施</td><td rowspan="3">（5）特殊钢筋工程质量控制点及预控措施</td><td>1）特殊钢筋工程质量控制点的设置</td><td rowspan="3">（1）方法：讲授法、演示法、案例教学法
（2）重点与难点：特殊钢筋工程质量控制点的设置；特殊钢筋工程施工的质量预控措施</td><td rowspan="3">4</td></tr>
<tr><td>2）特殊钢筋工程质量控制点等级划分</td></tr>
<tr><td>3）特殊钢筋工程施工的质量预控措施</td></tr>
<tr><td rowspan="2">（2）提出特殊钢筋工程安全控制点及预控措施</td><td rowspan="2">（6）特殊钢筋工程安全控制点及预控措施</td><td>1）特殊钢筋工程安全控制点基本要求</td><td rowspan="2">（1）方法：讲授法、演示法、案例教学法
（2）重点与难点：特殊钢筋工程施工的安全预控措施</td><td rowspan="2">2</td></tr>
<tr><td>2）特殊钢筋工程施工的安全预控措施</td></tr>
<tr><td rowspan="10">2．指导施工</td><td rowspan="10">2-1　组织施工</td><td rowspan="10">2-1-1　能在现场进行异形结构、空间结构的钢筋翻样和编制钢筋配料单，并进行安装指导</td><td rowspan="5">（1）壳体结构钢筋配料单的编制，现场钢筋翻样及安装指导</td><td rowspan="5">（1）壳体结构</td><td>1）壳体结构受力特点</td><td rowspan="5">（1）方法：讲授法、演示法、实训法、案例教学法
（2）重点与难点：壳体结构钢筋翻样流程；壳体结构钢筋安装指导</td><td rowspan="5">6</td></tr>
<tr><td>2）壳体结构钢筋翻样流程</td></tr>
<tr><td>3）壳体结构钢筋现场翻样</td></tr>
<tr><td>4）壳体结构钢筋配料单的编制</td></tr>
<tr><td>5）壳体结构钢筋安装指导</td></tr>
<tr><td rowspan="5">（2）异形池体钢筋配料单的编制，现场钢筋翻样及安装指导</td><td rowspan="5">（2）异形池体</td><td>1）异形池体受力特点</td><td rowspan="5">（1）方法：讲授法、演示法、实训法、案例教学法
（2）重点与难点：异形池体钢筋翻样流程；异形池体钢筋安装指导</td><td rowspan="5">6</td></tr>
<tr><td>2）异形池体钢筋翻样流程</td></tr>
<tr><td>3）异形池体钢筋现场翻样</td></tr>
<tr><td>4）异形池体钢筋配料单的编制</td></tr>
<tr><td>5）异形池体钢筋安装指导</td></tr>
</table>

续表

2.1.5　二级 / 技师职业技能培训要求				2.2.5　二级 / 技师职业技能培训课程规范			
职业功能模块（模块）	培训内容（课程）	技能目标	培训细目	学习单元	课程内容	培训建议	课堂学时
2．指导施工	2-1　组织施工	2-1-2　能进行异形结构、空间结构等复杂预应力筋的配料与安装指导	（1）双曲线冷却塔	（3）双曲线冷却塔	1）双曲线冷却塔预应力筋的施工工艺流程 2）双曲线冷却塔预应力筋的配料 3）双曲线冷却塔预应力筋的布置、张拉顺序	（1）方法：讲授法、演示法、案例教学法 （2）重点与难点：双曲线冷却塔预应力筋的布置、张拉顺序	6
			（2）特殊预应力结构	（4）特殊预应力结构	1）特殊预应力结构预应力筋的施工工艺流程 2）特殊预应力结构预应力筋的配料 3）特殊预应力结构预应力筋的布置、张拉顺序	（1）方法：讲授法、演示法、实训法、案例教学法 （2）重点与难点：特殊预应力结构预应力筋的布置、张拉顺序	6
	2-2　技术处理	2-2-1　能审查钢筋混凝土构件的钢筋大样图和配料单	（1）审查钢筋混凝土构件的钢筋大样图	（1）钢筋混凝土构件钢筋大样图的审查	1）钢筋大样图常见问题 2）钢筋大样图常见问题的处理方法	（1）方法：讲授法、案例教学法 （2）重点与难点：钢筋大样图常见问题的处理方法	2
			（2）审查钢筋混凝土构件的钢筋配料单	（2）钢筋混凝土构件钢筋配料单的审查	1）钢筋配料单常见问题 2）钢筋配料单常见问题的处理方法	（1）方法：讲授法、案例教学法 （2）重点与难点：钢筋配料单常见问题的处理方法	2

续表

2.1.5 二级 / 技师职业技能培训要求				2.2.5 二级 / 技师职业技能培训课程规范			
职业功能模块（模块）	培训内容（课程）	技能目标	培训细目	学习单元	课程内容	培训建议	课堂学时
2．指导施工	2-2 技术处理	2-2-2 能解决钢筋施工疑难问题	解决钢筋施工疑难问题	（3）钢筋施工疑难问题的处理	1）钢筋施工疑难问题 2）钢筋施工疑难问题的分析方法 3）钢筋施工疑难问题的防治措施 4）钢筋施工疑难问题的处理程序 5）结构实体检测方案的制定 6）检测结果的判定、验证及修正	（1）方法：讲授法、演示法、实训法、案例教学法 （2）重点与难点：钢筋施工疑难问题的处理程序	6
3．培训创新	3-1 技术培训	3-1-1 能编制钢筋工培训计划	编制钢筋工培训计划	（1）编制钢筋工培训计划	1）钢筋工培训要求 ①五级 / 初级工培训要求 ②四级 / 中级工培训要求 ③三级 / 高级工培训要求 2）钢筋工培训计划的编制 ①五级 / 初级工培训计划的编制 ②四级 / 中级工培训计划的编制 ③三级 / 高级工培训计划的编制	（1）方法：讲授法、案例教学法 （2）重点与难点：钢筋工培训计划的编制	2
		3-1-2 能培训三级 / 高级工及以下级别人员	（1）培训五级 / 初级工	（2）五级 / 初级工培训	1）五级 / 初级工培训方法 2）五级 / 初级工教法演示 3）五级 / 初级工培训案例	（1）方法：讲授法、案例教学法 （2）重点与难点：五级 / 初级工培训方法	2
			（2）培训四级 / 中级工	（3）四级 / 中级工培训	1）四级 / 中级工培训方法 2）四级 / 中级工教法演示 3）四级 / 中级工培训案例	（1）方法：讲授法、案例教学法 （2）重点与难点：四级 / 中级工培训方法	2
			（3）培训三级 / 高级工	（4）三级 / 高级工培训	1）三级 / 高级工培训方法 2）三级 / 高级工教法演示 3）三级 / 高级工培训案例	（1）方法：讲授法、案例教学法 （2）重点与难点：三级 / 高级工培训方法	2

续表

<table>
<tr><th colspan="4">2.1.5 二级 / 技师职业技能培训要求</th><th colspan="4">2.2.5 二级 / 技师职业技能培训课程规范</th></tr>
<tr><th>职业功能模块（模块）</th><th>培训内容（课程）</th><th>技能目标</th><th>培训细目</th><th>学习单元</th><th>课程内容</th><th>培训建议</th><th>课堂学时</th></tr>
<tr><td rowspan="13">3．培训创新</td><td rowspan="13">3-2 改造创新</td><td rowspan="2">3-2-1 能进行施工总结</td><td rowspan="2">进行施工总结</td><td rowspan="2">（1）施工总结</td><td>1）施工总结的编制</td><td rowspan="2">（1）方法：讲授法、案例教学法
（2）重点与难点：施工总结的编制</td><td rowspan="2">2</td></tr>
<tr><td>2）典型施工总结教学案例</td></tr>
<tr><td rowspan="3">3-2-2 能编写推广应用新技术、新工艺、新材料、新设备的实施方案</td><td rowspan="3">（1）编写新技术的推广应用实施方案
（2）编写新工艺的推广应用实施方案
（3）编写新材料的推广应用实施方案
（4）编写新设备的推广应用实施方案</td><td rowspan="3">（2）新技术、新工艺、新材料、新设备推广应用实施方案</td><td>1）新技术、新工艺、新材料、新设备推广应用实施方案的基本结构</td><td rowspan="3">（1）方法：讲授法、演示法、实训法、案例教学法
（2）重点与难点：新技术、新工艺、新材料、新设备推广应用实施方案的编写方法</td><td rowspan="3">2</td></tr>
<tr><td>2）新技术、新工艺、新材料、新设备推广应用实施方案的编写方法</td></tr>
<tr><td>3）新技术、新工艺、新材料、新设备推广应用实施方案案例</td></tr>
<tr><td rowspan="2">3-2-3 能针对新结构、新材料的应用进行技术、工艺和设备改造</td><td rowspan="2">（1）针对新结构、新材料的应用进行技术改造
（2）针对新结构、新材料的应用进行工艺改造
（3）针对新结构、新材料的应用进行设备改造</td><td rowspan="2">（3）工艺改造</td><td>1）工艺改造的要求</td><td rowspan="2">（1）方法：讲授法、演示法、实训法、案例教学法
（2）重点与难点：工艺改造的要求</td><td rowspan="2">2</td></tr>
<tr><td>2）工艺改造案例</td></tr>
<tr><td rowspan="4">3-2-4 能编写操作规程及工法</td><td rowspan="4">（1）编写操作规程
（2）编写工法</td><td rowspan="4">（4）操作规程及工法编写</td><td>1）操作规程与工法的编写要求</td><td rowspan="4">（1）方法：讲授法、案例教学法
（2）重点与难点：操作规程与工法的编写方法</td><td rowspan="4">2</td></tr>
<tr><td>2）操作规程与工法的编写内容</td></tr>
<tr><td>3）操作规程与工法的编写方法</td></tr>
<tr><td>4）操作规程与工法的编写案例</td></tr>
<tr><td colspan="7">培训学时合计</td><td>120</td></tr>
</table>

附录 6　一级／高级技师职业技能培训要求与课程规范对照表

<table>
<tr><th colspan="4">2.1.6　一级 / 高级技师职业技能培训要求</th><th colspan="4">2.2.6　一级 / 高级技师职业技能培训课程规范</th></tr>
<tr><th>职业功能模块（模块）</th><th>培训内容（课程）</th><th>技能目标</th><th>培训细目</th><th>学习单元</th><th>课程内容</th><th>培训建议</th><th>课堂学时</th></tr>
<tr><td rowspan="16">1. 施工管理</td><td rowspan="16">1-1　核对图纸</td><td rowspan="16">1-1-1　能核对体外预应力、隧道、桥梁、坑矿等复杂、特殊工程结构施工图</td><td rowspan="16">（1）核对体外预应力结构施工图
（2）核对隧道工程结构施工图
（3）核对桥梁工程结构施工图
（4）核对坑矿工程结构施工图</td><td rowspan="4">（1）体外预应力工程施工图</td><td>1）体外预应力基础知识</td><td rowspan="4">（1）方法：讲授法、案例教学法
（2）重点与难点：各种预应力施工工艺原理、特点及适用条件</td><td rowspan="4">4</td></tr>
<tr><td>2）体外预应力施工工艺原理、特点及适用条件</td></tr>
<tr><td>3）体外预应力施工图识读</td></tr>
<tr><td>4）体外预应力施工图核对</td></tr>
<tr><td rowspan="4">（2）隧道工程施工图</td><td>1）隧道工程施工规范</td><td rowspan="4">（1）方法：讲授法、案例教学法
（2）重点与难点：隧道工程施工规范及施工图核对</td><td rowspan="4">4</td></tr>
<tr><td>2）隧道工程施工工艺原理、特点及适用条件</td></tr>
<tr><td>3）隧道工程施工图识读</td></tr>
<tr><td>4）隧道工程施工图核对</td></tr>
<tr><td rowspan="4">（3）桥梁工程施工图</td><td>1）桥梁工程施工规范</td><td rowspan="4">（1）方法：讲授法、案例教学法
（2）重点与难点：桥梁工程施工规范及施工图核对</td><td rowspan="4">4</td></tr>
<tr><td>2）桥梁工程施工工艺原理、特点及适用条件</td></tr>
<tr><td>3）桥梁工程施工图识读</td></tr>
<tr><td>4）桥梁工程施工图核对</td></tr>
<tr><td rowspan="4">（4）坑矿工程施工图</td><td>1）坑矿工程施工规范</td><td rowspan="4">（1）方法：讲授法、案例教学法
（2）重点与难点：坑矿工程施工规范及施工图核对</td><td rowspan="4">4</td></tr>
<tr><td>2）坑矿工程施工工艺原理、特点及适用条件</td></tr>
<tr><td>3）坑矿工程施工图识读</td></tr>
<tr><td>4）坑矿工程施工图核对</td></tr>
</table>

续表

<table>
<tr><th colspan="4">2.1.6　一级 / 高级技师职业技能培训要求</th><th colspan="4">2.2.6　一级 / 高级技师职业技能培训课程规范</th></tr>
<tr><th>职业功能模块（模块）</th><th>培训内容（课程）</th><th>技能目标</th><th>培训细目</th><th>学习单元</th><th>课程内容</th><th>培训建议</th><th>课堂学时</th></tr>
<tr><td rowspan="12">1. 施工管理</td><td rowspan="6">1-1　核对图纸</td><td rowspan="2">1-1-2　能提出预应力工程复杂部位的实施修改意见</td><td rowspan="2">提出预应力工程复杂部位的实施修改意见</td><td rowspan="2">（5）预应力工程复杂部位实施方案修改</td><td>1）预应力工程复杂部位图纸核对</td><td rowspan="2">（1）方法：讲授法、案例教学法
（2）重点与难点：预应力工程复杂部位实施方案修改</td><td rowspan="2">2</td></tr>
<tr><td>2）预应力工程复杂部位实施方案修改</td></tr>
<tr><td rowspan="4">1-1-3　能提出建筑、结构、安装冲突部位的实施修改意见</td><td rowspan="4">提出建筑、结构、安装冲突部位的实施修改意见</td><td rowspan="4">（6）建筑信息模型（BIM）技术应用</td><td>1）建筑信息模型技术概论
① BIM 技术的发展
② BIM 技术的应用</td><td rowspan="4">（1）方法：讲授法、案例教学法、实训法
（2）重点与难点：建筑、结构、安装碰撞检查，冲突解决方案</td><td rowspan="4">16</td></tr>
<tr><td>2）Revit 软件建模</td></tr>
<tr><td>3）Navisworks 软件应用</td></tr>
<tr><td>4）建筑、结构、安装碰撞检查，冲突解决</td></tr>
<tr><td rowspan="6">1-2　编制方案</td><td rowspan="6">1-2-1　能编写各领域复杂、特殊的钢筋工程及预应力工程专项施工方案</td><td rowspan="6">（1）预应力工程专项施工方案
（2）编写隧道钢筋工程专项施工方案
（3）编写桥梁钢筋工程专项施工方案
（4）编写坑矿钢筋工程施工方案</td><td rowspan="3">（1）预应力工程专项施工方案</td><td>1）预应力工程专项施工方案编写要点</td><td rowspan="3">（1）方法：讲授法、案例教学法
（2）重点与难点：预应力工程专项施工方案编写</td><td rowspan="3">4</td></tr>
<tr><td>2）预应力工程专项施工方案编写</td></tr>
<tr><td>3）预应力工程专项施工方案比选、优化</td></tr>
<tr><td rowspan="3">（2）隧道钢筋工程专项施工方案</td><td>1）隧道钢筋工程专项施工方案编写要点</td><td rowspan="3">（1）方法：讲授法、案例教学法
（2）重点与难点：隧道钢筋工程专项施工方案编写</td><td rowspan="3">2</td></tr>
<tr><td>2）隧道钢筋工程专项施工方案编写</td></tr>
<tr><td>3）隧道钢筋工程专项施工方案比选、优化</td></tr>
</table>

续表

<table>
<tr><th colspan="4">2.1.6 一级 / 高级技师职业技能培训要求</th><th colspan="4">2.2.6 一级 / 高级技师职业技能培训课程规范</th></tr>
<tr><th>职业功能模块（模块）</th><th>培训内容（课程）</th><th>技能目标</th><th>培训细目</th><th>学习单元</th><th>课程内容</th><th>培训建议</th><th>课堂学时</th></tr>
<tr><td rowspan="12">1. 施工管理</td><td rowspan="12">1-2 编制方案</td><td rowspan="6">1-2-1 能编写各领域复杂、特殊的钢筋工程及预应力工程专项施工方案</td><td rowspan="6">（1）预应力工程专项施工方案
（2）编写隧道钢筋工程专项施工方案
（3）编写桥梁钢筋工程专项施工方案
（4）编写坑矿钢筋工程施工方案</td><td rowspan="3">（3）桥梁钢筋工程专项施工方案</td><td>1）桥梁钢筋工程专项施工方案编写要点</td><td rowspan="3">（1）方法：讲授法、案例教学法
（2）重点与难点：桥梁钢筋工程专项施工方案编写</td><td rowspan="3">2</td></tr>
<tr><td>2）桥梁钢筋工程专项施工方案编写</td></tr>
<tr><td>3）桥梁钢筋工程专项施工方案比选、优化</td></tr>
<tr><td rowspan="3">（4）坑矿钢筋工程专项施工方案</td><td>1）坑矿钢筋工程专项施工方案编写要点</td><td rowspan="3">（1）方法：讲授法、案例教学法
（2）重点与难点：坑矿钢筋工程专项施工方案编写</td><td rowspan="3">2</td></tr>
<tr><td>2）坑矿钢筋工程专项施工方案编写</td></tr>
<tr><td>3）坑矿钢筋工程专项施工方案比选、优化</td></tr>
<tr><td rowspan="6">1-2-2 能根据施工方案需要提出工艺、设备技术改造方案</td><td rowspan="6">（1）钢筋工程工艺技术改造方案编写
（2）钢筋工程设备技术改造方案编写</td><td rowspan="3">（5）钢筋工程工艺技术改造方案</td><td>1）钢筋工程工艺技术改造方案编写要点</td><td rowspan="3">（1）方法：讲授法、案例教学法
（2）重点与难点：钢筋工程工艺技术改造方案编写</td><td rowspan="3">2</td></tr>
<tr><td>2）钢筋工程工艺技术改造方案编写</td></tr>
<tr><td>3）钢筋工程工艺技术改造案例</td></tr>
<tr><td rowspan="3">（6）钢筋工程设备技术改造方案</td><td>1）钢筋工程设备技术改造方案编写要点</td><td rowspan="3">（1）方法：讲授法、案例教学法
（2）重点与难点：钢筋工程设备技术改造方案编写</td><td rowspan="3">2</td></tr>
<tr><td>2）钢筋工程设备技术改造方案编写</td></tr>
<tr><td>3）钢筋工程设备技术改造案例</td></tr>
</table>

续表

2.1.6　一级 / 高级技师职业技能培训要求				2.2.6　一级 / 高级技师职业技能培训课程规范			
职业功能模块（模块）	培训内容（课程）	技能目标	培训细目	学习单元	课程内容	培训建议	课堂学时
2. 指导施工	2-1　组织施工	2-1-1　能利用计算机辅助系统对空间复杂的配筋进行精确翻样、定位安装及施工指导	（1）空间复杂配筋翻样 （2）钢筋定位安装及施工指导	（1）计算机辅助系统应用	1）钢筋翻模软件 2）计算机辅助设计软件操作及应用 3）辅助设备	（1）方法：讲授法、案例教学法、实训法 （2）重点与难点：计算机辅助设计软件操作及应用	6
				（2）钢筋定位安装及施工指导	1）智能技术设备操作 2）智能机器人操作	（1）方法：讲授法、案例教学法、实训法 （2）重点与难点：智能技术设备操作	6
		2-1-2　能指导各领域复杂、特殊的钢筋工程施工	（1）隧道钢筋工程施工指导 （2）桥梁钢筋工程施工指导 （3）坑矿钢筋工程施工指导	（3）隧道钢筋工程施工指导	1）隧道钢筋工程配筋精确翻样 2）钢筋精确定位安装 3）隧道钢筋工程施工指导要点	（1）方法：讲授法、案例教学法 （2）重点与难点：隧道钢筋工程施工指导要点	2
				（4）桥梁钢筋工程施工指导	1）桥梁钢筋工程配筋精确翻样 2）钢筋精确定位安装 3）桥梁钢筋工程施工指导要点	（1）方法：讲授法、案例教学法 （2）重点与难点：桥梁钢筋工程施工指导要点	2
				（5）坑矿钢筋工程施工指导	1）坑矿钢筋工程配筋精确翻样 2）钢筋精确定位安装 3）坑矿钢筋工程施工指导要点	（1）方法：讲授法、案例教学法 （2）重点与难点：坑矿钢筋工程施工指导要点	2

续表

<table>
<tr><th colspan="4">2.1.6 一级 / 高级技师职业技能培训要求</th><th colspan="4">2.2.6 一级 / 高级技师职业技能培训课程规范</th></tr>
<tr><th>职业功能模块（模块）</th><th>培训内容（课程）</th><th>技能目标</th><th>培训细目</th><th>学习单元</th><th>课程内容</th><th>培训建议</th><th>课堂学时</th></tr>
<tr><td rowspan="14">2. 指导施工</td><td rowspan="5">2-1 组织施工</td><td rowspan="5">2-1-3 能进行复杂预应力工程的张拉控制、调整及施工指导</td><td rowspan="5">（1）复杂预应力工程张拉控制及调整
（2）复杂预应力工程施工指导</td><td rowspan="3">（6）复杂预应力工程张拉控制及调整</td><td>1）预应力筋及构件的应力应变状态控制</td><td rowspan="3">（1）方法：讲授法、案例教学法
（2）重点与难点：复杂预应力工程张拉控制及调整</td><td rowspan="3">2</td></tr>
<tr><td>2）复杂预应力工程张拉控制及调整</td></tr>
<tr><td>3）预应力施工指导要点</td></tr>
<tr><td rowspan="2">（7）复杂预应力工程施工指导</td><td>1）施工难点及要点</td><td rowspan="2">（1）方法：讲授法、案例教学法
（2）重点与难点：复杂预应力工程的施工要点</td><td rowspan="2">2</td></tr>
<tr><td>2）指导方案编写</td></tr>
<tr><td rowspan="9">2-2 技术处理</td><td rowspan="3">2-2-1 能进行技术改造和创新活动，解决施工中的技术难题</td><td rowspan="3">（1）技术改造与创新
（2）解决技术难题</td><td rowspan="3">（1）技术改造与创新</td><td>1）技术改造的管理与方法</td><td rowspan="3">（1）方法：讲授法、案例教学法
（2）重点与难点：技术改造、创新的管理与方法</td><td rowspan="3">2</td></tr>
<tr><td>2）技术创新的管理与方法</td></tr>
<tr><td>3）常见技术难题及解决方法</td></tr>
<tr><td rowspan="3">2-2-2 能编制钢筋工程应急预案</td><td rowspan="3">编制钢筋工程应急预案</td><td rowspan="3">（2）钢筋工程应急预案</td><td>1）钢筋工程应急预案编写要求及方法</td><td rowspan="3">（1）方法：讲授法、案例教学法
（2）重点与难点：钢筋工程应急预案编写</td><td rowspan="3">2</td></tr>
<tr><td>2）钢筋工程应急预案编写</td></tr>
<tr><td>3）钢筋工程应急预案案例</td></tr>
<tr><td rowspan="3">2-2-3 能处理施工中的疑难问题</td><td rowspan="3">处理施工中疑难问题</td><td rowspan="3">（3）结构实体检测知识</td><td>1）结构实体检测技术知识</td><td rowspan="3">（1）方法：讲授法、案例教学法
（2）重点与难点：结构实体检测技术应用</td><td rowspan="3">2</td></tr>
<tr><td>2）结构实体检测技术应用</td></tr>
<tr><td>3）施工疑难问题案例分析</td></tr>
</table>

续表

<table>
<tr><th colspan="4">2.1.6 一级 / 高级技师职业技能培训要求</th><th colspan="4">2.2.6 一级 / 高级技师职业技能培训课程规范</th></tr>
<tr><th>职业功能模块（模块）</th><th>培训内容（课程）</th><th>技能目标</th><th>培训细目</th><th>学习单元</th><th>课程内容</th><th>培训建议</th><th>课堂学时</th></tr>
<tr><td rowspan="12">3．培训创新</td><td rowspan="6">3-1 技术培训</td><td rowspan="3">3-1-1 能解读和应用本职业先进技术，并组织专题讲座和开展教学</td><td rowspan="3">（1）解读先进技术
（2）组织专题教学</td><td rowspan="2">（1）建筑行业先进技术应用</td><td>1）钢筋混凝土结构发展动态</td><td rowspan="2">（1）方法：讲授法、案例教学法
（2）重点与难点：钢筋混凝土结构发展趋势</td><td rowspan="2">4</td></tr>
<tr><td>2）钢筋混凝土结构发展趋势</td></tr>
<tr><td>（2）信息管理技术应用</td><td>信息管理技术应用
①信息技术概述
②软件、APP应用</td><td>（1）方法：讲授法、案例教学法、演示法
（2）重点与难点：信息管理技术应用</td><td>4</td></tr>
<tr><td rowspan="3">3-1-2 能编写钢筋工培训大纲</td><td rowspan="3">编写培训大纲</td><td rowspan="3">（3）钢筋工培训大纲编写</td><td>1）钢筋工国家职业技能标准解读</td><td rowspan="3">（1）方法：讲授法、案例教学法
（2）重点与难点：钢筋工培训大纲的编写</td><td rowspan="3">2</td></tr>
<tr><td>2）钢筋工培训大纲编写标准</td></tr>
<tr><td>3）钢筋工培训大纲的编写</td></tr>
<tr><td rowspan="6">3-2 改造创新</td><td rowspan="6">3-2-1 能进行钢筋工程、预应力工程、装配式建筑技术的改造和创新</td><td rowspan="6">（1）钢筋工程技术的改造和创新
（2）预应力工程技术的改造和创新
（3）装配式建筑技术的改造和创新</td><td rowspan="3">（1）钢筋工程技术的改造和创新</td><td>1）钢筋工程技术改造计划编写要点</td><td rowspan="3">（1）方法：讲授法、案例教学法
（2）重点与难点：钢筋工程技术改造和创新计划编写要点</td><td rowspan="3">2</td></tr>
<tr><td>2）钢筋工程技术创新计划编写要点</td></tr>
<tr><td>3）钢筋工程技术创新计划编写案例</td></tr>
<tr><td rowspan="3">（2）预应力工程技术的改造和创新</td><td>1）预应力工程技术改造计划编写要点</td><td rowspan="3">（1）方法：讲授法、案例教学法
（2）重点与难点：预应力工程技术改造和创新计划编写要点</td><td rowspan="3">2</td></tr>
<tr><td>2）预应力工程技术创新计划编写要点</td></tr>
<tr><td>3）预应力工程技术创新计划编写案例</td></tr>
</table>

续表

<table>
<tr><td colspan="4">2.1.6 一级 / 高级技师职业技能培训要求</td><td colspan="4">2.2.6 一级 / 高级技师职业技能培训课程规范</td></tr>
<tr><td>职业功能模块（模块）</td><td>培训内容（课程）</td><td>技能目标</td><td>培训细目</td><td>学习单元</td><td>课程内容</td><td>培训建议</td><td>课堂学时</td></tr>
<tr><td rowspan="14">3．培训创新</td><td rowspan="14">3-2 改造创新</td><td rowspan="3">3-2-1 能进行钢筋工程、预应力工程、装配式建筑技术的改造和创新</td><td rowspan="3">（1）钢筋工程技术的改造和创新
（2）预应力工程技术的改造和创新
（3）装配式建筑技术的改造和创新</td><td rowspan="3">（3）装配式建筑技术的改造和创新</td><td>1）装配式建筑技术改造计划编写要点</td><td rowspan="3">（1）方法：讲授法、案例教学法
（2）重点与难点：装配式建筑技术改造和创新计划编写要点</td><td rowspan="3">2</td></tr>
<tr><td>2）装配式建筑技术创新计划编写要点</td></tr>
<tr><td>3）装配式建筑技术创新计划编写案例</td></tr>
<tr><td rowspan="11">3-2-2 能审定相应级别的操作规程及工法</td><td rowspan="11">（1）审定操作规程
（2）审定工法</td><td rowspan="3">（4）操作规程审定</td><td>1）五级 / 初级工操作规程审定
①操作规程编写标准、内容、方法
②审定要求</td><td rowspan="3">（1）方法：讲授法、案例教学法
（2）重点与难点：不同级别操作规程编写标准、内容、方法</td><td rowspan="3">4</td></tr>
<tr><td>2）四级 / 中级工操作规程审定
①操作规程编写标准、内容、方法
②审定要求</td></tr>
<tr><td>3）三级 / 高级工操作规程审定
①操作规程编写标准、内容、方法
②审定要求</td></tr>
<tr><td rowspan="4">（5）工法审定</td><td>1）工法概念</td><td rowspan="4">（1）方法：讲授法、案例教学法
（2）重点与难点：工法编写与审定</td><td rowspan="4">2</td></tr>
<tr><td>2）工法编写要求、内容及方法</td></tr>
<tr><td>3）工法编写</td></tr>
<tr><td>4）工法审定</td></tr>
</table>

续表

<table>
<tr><th colspan="4">2.1.6　一级 / 高级技师职业技能培训要求</th><th colspan="4">2.2.6　一级 / 高级技师职业技能培训课程规范</th></tr>
<tr><th>职业功能模块（模块）</th><th>培训内容（课程）</th><th>技能目标</th><th>培训细目</th><th>学习单元</th><th>课程内容</th><th>培训建议</th><th>课堂学时</th></tr>
<tr><td rowspan="9">3．培训创新</td><td rowspan="9">3-2　改造创新</td><td rowspan="8">3-2-3　能审核新技术、新工艺、新材料、新设备的推广应用方案</td><td rowspan="8">（1）审核新技术推广应用方案
（2）审核新工艺推广应用方案
（3）审核新材料推广应用方案
（4）审核新设备推广应用方案</td><td rowspan="2">（6）新技术的信息采集和推广应用</td><td>1）新技术信息采集</td><td rowspan="2">（1）方法：讲授法、案例教学法
（2）重点与难点：新技术推广应用方案审定</td><td rowspan="2">2</td></tr>
<tr><td>2）新技术推广应用方案审定</td></tr>
<tr><td rowspan="2">（7）新工艺的信息采集和推广应用</td><td>1）新工艺信息采集</td><td rowspan="2">（1）方法：讲授法、案例教学法
（2）重点与难点：新工艺推广应用方案审定</td><td rowspan="2">2</td></tr>
<tr><td>2）新工艺推广应用方案审定</td></tr>
<tr><td rowspan="2">（8）新材料的信息采集和推广应用</td><td>1）新材料信息采集</td><td rowspan="2">（1）方法：讲授法、案例教学法
（2）重点与难点：新材料推广应用方案审定</td><td rowspan="2">2</td></tr>
<tr><td>2）新材料推广应用方案审定</td></tr>
<tr><td rowspan="2">（9）新设备的信息采集和推广应用</td><td>1）新设备信息采集</td><td rowspan="2">（1）方法：讲授法、案例教学法
（2）重点与难点：新设备推广应用方案审定</td><td rowspan="2">2</td></tr>
<tr><td>2）新设备推广应用方案审定</td></tr>
<tr><td>3-2-4　能将创新、改造技术转化为实用型成果</td><td>创新、改造技术转化</td><td>（10）创新、改造技术成果转化</td><td>1）实用型成果转化的要求
2）实用型成果转化的内容
3）实用型成果转化案例</td><td>（1）方法：讲授法、案例教学法
（2）重点与难点：实用型成果转化的内容</td><td>4</td></tr>
<tr><td colspan="7">培训学时合计</td><td>110</td></tr>
</table>